中国高等教育应用型本科信息技术专业通用教材

DATA structure

数据结构

主 编 王淮亭

副主编 王德兴

参 编 于庆梅 王中华

张书台 张 艳

上海交通大学出版社

SHANGHAI JIAO TONG UNIVERSITY PRESS

内容提要

本书介绍了线性表、栈、队列、串、数组、广义表、树、二叉树、图、查找、排序和文件等内容。

本书对每一种类型的数据结构都详细叙述了基本概念、逻辑特征和存储结构。对概念原理的阐述准确、精炼并通俗易懂。在介绍基本运算时,不仅介绍算法思想,还注重介绍其实现过程。各章都附有习题,供读者练习,以巩固对课程内容的理解。

本书适合于计算机及相关专业应用型本科或专业教材,也适合自学考试人员参考教材。

图书在版编目(CIP)数据

数据结构/王淮亭主编.—上海:上海交通大学
出版社,2016
ISBN 978 - 7 - 313 - 14214 - 6

Ⅰ.①数… Ⅱ.①王… Ⅲ.①数据结构-高等学校-
教材 Ⅳ.①TP311.12

中国版本图书馆 CIP 数据核字(2016)第 001991 号

数据结构

主　　编:王淮亭
出版发行:上海交通大学出版社　　　　　　地　　址:上海市番禺路 951 号
邮政编码:200030　　　　　　　　　　　　电　　话:021 - 64071208
出 版 人:韩建民
印　　制:上海天地海设计印刷有限公司　　经　　销:全国新华书店
开　　本:710 mm×1000 mm　1/16　　　　印　　张:16.5
字　　数:267 千字
版　　次:2016 年 3 月第 1 版　　　　　　　印　　次:2016 年 3 月第 1 次印刷
书　　号:ISBN 978 - 7 - 313 - 14214 - 6/TP
定　　价:49.00 元

前　　言

"数据结构"是计算机类专业的核心课程,也是计算机程序设计的重要理论基础,同时也是其他理工专业的热门选修课。在计算机的应用领域中,数据结构有着广泛的应用。

本书共分9章,第1章介绍了数据结构的基本概念和算法分析的初步知识;第2章介绍了线性表的基本概念和运算,重点介绍了线性表的顺序存储、链式存储,以及线性表常用的运算;第3章介绍了栈和队列这两种数据结构的基本概念和运算,并介绍了栈的顺序存储、链式存储、队列的顺序存储(顺序队列、循环队列)、队列的链式存储及其常用运算;第4章介绍了数组、串和广义表等线性结构的基本概念和运算,并介绍了数组常用顺序存储、数组用几种特殊数组的压缩存储、串的顺序存储、串的链式存储、串的模式匹配,简单介绍了广义表存储;第5章介绍了树、森林、二叉树的基本概念和存储结构,重点讨论了二叉树遍历算法和常用运算及其应用,还讨论了线索二叉树、树和二叉树相互转换、哈夫曼树有关知识和应用;第6章介绍图的有关概念,重点讨论了图的两种存储,并介绍了最小生成树、拓扑排序、关键路径和最短路径等应用;第7章介绍查找概念,重点讨论静态查找(顺序表、有序表和分块查找)、动态查找(二叉排序树)、散列表查找,并介绍了二叉排序树,平衡二叉树的概念和有关知识,并散列表查找;第8章介绍了各种排序算法,重点讨论直接插入排序、希尔排序、选择排序、堆排序、冒泡排序、归并排序和基排序的基本思想、算法及其性能分析;第9章介绍了文件有关概念和常见组织形式。

本书计划学时为64学时左右,其中上机实习为16学时左右。

本书是作者根据自己的教学经验总结,为计算机类学生编写的教材,力求内容与实例结合,语言描述深入浅出、简单明了。本书采用C语言作为数据结构和算法的描述语言,并且对关键的算法都附有完整的C语言程序供学生上机实习参考用。书中给出的每一个算法都是完整的,只要添加上主函数,程序即可运行;主函数的添加可以参考书中给出的完整程序。本书对各种数据结构均从实际出发,通过对实例的分析,使学生理解数据结构的基本概念,在每个章节后附有适量的习题,习题中编排了较多的选择题和填空题,方便学生巩固学习。

  本书第 1,6,7 章由王淮亭编写,第 2 章由于庆梅编写,第 3 章由王中华编写,第 4,9 章由王德兴编写,第 5 章由张书台编写,第 8 章由张艳编写,全书由王淮亭、王德兴最终统一审校并定稿。由于作者水平有限,书中存在的不足和错误之处,敬请广大读者批评指正。

目　　录

第1章　绪论·· 1

1.1　数据结构的产生和发展 ··· 1

1.2　基本概念和术语 ··· 2

1.3　算法描述和算法分析 ·· 4

本章小结 ··· 8

本章习题 ··· 9

第2章　线性表 ··· 13

2.1　线性表的基本概念 ·· 13

2.2　线性表的顺序存储和基本操作 ································· 15

2.3　线性表的链式存储和基本操作 ································· 23

本章小结 ··· 39

本章习题 ··· 40

第3章　堆栈与队列 ·· 45

3.1　堆栈 ··· 45

3.2　队列 ··· 68

本章小结 ··· 83

本章习题 ··· 83

第4章　数组、串和广义表 ·· 88

4.1　数组的基本概念 ··· 88

4.2　串的基本概念 ·· 95

4.3 广义表 ……………………………………………………… 103

本章小结 …………………………………………………………… 108

本章习题 …………………………………………………………… 109

第 5 章 树和二叉树 …………………………………………… 114

5.1 树的定义与术语 ……………………………………… 114

5.2 二叉树的定义、性质和操作 ………………………… 118

5.3 二叉树的存储 ………………………………………… 122

5.4 二叉树的遍历 ………………………………………… 127

5.5 线索二叉树 …………………………………………… 132

5.6 二叉树遍历的应用 …………………………………… 135

5.7 树的存储结构 ………………………………………… 138

5.8 树、森林与二叉树的转换 …………………………… 140

5.9 哈夫曼树及其应用 …………………………………… 145

本章小结 …………………………………………………………… 152

本章习题 …………………………………………………………… 153

第 6 章 图 ……………………………………………………… 159

6.1 图的定义和术语 ……………………………………… 159

6.2 图的存储表示 ………………………………………… 163

6.3 图的遍历 ……………………………………………… 169

6.4 图的连通性 …………………………………………… 172

6.5 有向无环图 …………………………………………… 176

6.6 最短路径 ……………………………………………… 181

本章小结 …………………………………………………………… 184

本章习题 …………………………………………………………… 185

第 7 章 查找 ………………………………………………… 191

7.1 顺序表的查找 ………………………………………… 193

7.2 动态查找表 …………………………………………… 198

7.3 散列表的查找 ………………………………………… 208

本章小结 …………………………………………………………… 214
本章习题 …………………………………………………………… 215

第8章　排序 ……………………………………………………… 220
8.1　排序的基本概述 ………………………………………… 220
8.2　插入排序 ………………………………………………… 221
8.3　选择排序 ………………………………………………… 225
8.4　交换排序 ………………………………………………… 230
8.5　归并排序 ………………………………………………… 236
8.6　基数排序 ………………………………………………… 237
本章小结 …………………………………………………………… 242
本章习题 …………………………………………………………… 243

第9章　文件 ……………………………………………………… 249
9.1　文件概述 ………………………………………………… 249
9.2　常见文件组织形式 ……………………………………… 251
本章小结 …………………………………………………………… 254
本章习题 …………………………………………………………… 254

主要参考文献 …………………………………………………… 256

第1章 绪 论

用计算机解决问题时,首先要把实际问题中用到的信息抽象为能够用计算机表示的数据。其次把这些数据建立一个数学模型,这个数据模型也称为逻辑结构。然后将逻辑结构中的数据及数据之间的关系存放到计算机中,即建立数据的存储结构。最后在所建立的存储结构上实现对数据元素的各种操作,即算法的实现。

本章介绍与整个课程有关的概念、常用术语、算法及描述和算法分析方法,为今后各章学习打下基础。

1.1 数据结构的产生和发展

从世界上第一台计算机诞生开始,特别近年来计算机技术及应用的飞速发展,计算机应用逐步渗透到我们现实世界的各个领域,信息存储量日益扩大,对计算机软件的发展也提出了越来越高的要求。由于软件的核心是算法,而算法实际上是对数据加工过程的描述,所以研究数据结构对提高编程能力和设计高性能的算法是至关重要的。

《数据结构》作为一门独立的课程体系是从 1968 年才开始的。早期计算机主要应用于科学计算,对单数据进行复杂的运算时,有较高的运算效率,但是对非数值的运算有一定困难。随着计算机应用越来越广泛,对非数值的信息处理需求越来越多,从而形成了以数据为中心的程序设计方法,这对于数据结构的形成和发展起了一定的推动作用。这里数据结构几乎和图论、表、树的理论相同。之后数据结构概念扩充为网络、代数结构、集合论、关系方面,这就形成了目前的两大课程:数据结构和离散数学。近年来,由于数据库系统应用不断发展,在数据结构课程中增加了文件管理内容。

1968 年美国唐纳德·克努特(Donald Ervin Knuth)所著《计算机程序设计的艺术》的第一卷《基本算法》是第一次较系统阐述数据的逻辑结构、存储结构及操作。二十世纪六十年代到七十年代,出现大型应用程序和系统软件,结构程序设计思想成为程序设计方法的主要内容,激发起人们越来越重视数据结构。

《数据结构》是计算机类专业教学计划中的核心课程之一,它是学习和实现编译程序、操作系统、数据库、人工智能等相关课程专业的基础。

1.2 基本概念和术语

本节中对一些概念和术语赋以确定的含义,以便读者有明确概念,这些概念术语将在以后的各章节中出现。

1. 数据(Data)

数据是信息的载体。所有能被计算机识别、存取和加工处理的符号、字符、图形、图像、声音、视频信号等一切信息都可以称为数据。

2. 数据元素(Data Element)

数据元素是数据的基本单位,数据元素也称元素、结点、顶点、记录。

例如:表 1-1 学生信息表,包括:学号、姓名、成绩。一个学生的信息就是一个数据元素。

表 1-1 学生信息表

学　号	姓　名	成　绩
10011	李兰花	398
10012	张英亮	394
10013	房　辉	387
...	...	...

3. 数据项(Data Item)

数据项是具有独立含义的最小标识单位。一个数据元素可以由若干个数据项(也可称为字段、域、属性)组成。如表 1-1 中的学号、姓名和成绩都是数据项。

4. 数据对象(Data Object)

数据对象是性质相同的数据元素的集合,是数据的一个子集。如表 1-1 中,数据对象就是全体学生记录的集合。

5. 数据结构(Data Structure)

数据结构是指数据之间的相互关系,即数据的组织形式。

根据数据元素之间关系的不同特性,存在以下三类基本的数据结构:

(1) 线性结构。结构中的数据元素之间存在着"一个对一个"的关系,简称"1∶1关系"。

在线性结构中,集合中的元素,有且仅有一个开始结点和一个终端结点,除了开始结点和终端结点以外,其余结点都有且仅有一个直接前驱和一个直接后继。如表 1-1 所示。

(2) 树形结构。结构的数据元素之间存在着"一个对多个"的关系,简称"1∶n关系"。

树形结构除了起始结点(即根结点)以外,各个结点都有唯一的直接前驱;所有的结点都可以有零个至多个直接后继。如图 1-1 所示。

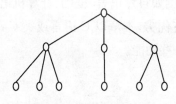 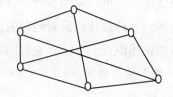

图 1-1 家族关系示例   图 1-2 城市之间关系(连线表示航班)

(3) 图形结构。结构的数据元素之间存在着"多个对多个"的关系,简称"m∶n关系"。

在图形结构中,每个结点都可以有多个直接前驱和多个直接后继。如图 1-2所示。

数据之间的相互关系称为数据逻辑结构。数据的逻辑结构没有考虑到其在计算机中的如何表示,因此还需要研究在计算机中如何表示它。

数据结构在计算机中的表示(又称映象)称作数据的存储结构,也称物理结构。它包含数据元素的表示和关系的表示,一种数据逻辑结构可能有多种存储结构。例如,一种逻辑结构,可以采用顺序存储,也可以采用链式存储。

数据存储方式有顺序存储、链式存储、索引存储和散列存储四种方式,不同方式存储上实现的运算的性能会有一定差异。

数据结构运算的实现。在选择了数据结构的存储结构后,就可以给出运算。本课程中,以 C 语言或类 C 语言作为算法描述语言。

数据结构是研究数据逻辑结构、物理结构,以及它们之间的相互关系和所定义的算法在计算机上运行的学科。

1.3 算法描述和算法分析

瑞士计算机科学家尼古拉斯·沃斯(Nicklaus Wirth)曾经说过"程序＝算法＋数据结构",表明设计一个好的程序,需要选择合适的数据结构,然后在此数据结构上设计好的算法。

1.3.1 算法描述语言概念

算法(Algorithm)是对特定问题求解步骤的一种描述,是指令的有限序列。其中每一条指令表示一个或多个操作。

算法的描述可以采用多种语言来描述,例如自然语言、框图、计算机语言、伪语言等。各种描述语言对问题的描述各有优劣,本章以 C 语言或类 C 语言作为算法描述语言。下面补充说明扩充的一些功能。

1. 输入输出语言

(1) 输入

input(x);

基本功能是读入从键盘输入的一个数赋给变量 x。对不同类型变量 x,y 可以使用下列语句赋值。

input(x,y);

(2) 输出

print(exp);

基本功能是将表达式 exp 的值输出到屏幕上,其中表达式 exp 的类型可以是变量、表达式等。对于多个表达式或不同类型表达式的输出可以使用下列语言输出。

print(exp1,exp2,…,exp5);

2. 最小和最大值函数 min( )和 max( )

datatype min(datatype exp1,datatype exp2,…,datatype expn);

datatype max(datatype exp1,datatype exp2,…,datatype expn);

基本功能是分别返回表达式 expi(i＝1,2,…,n)中的最小(大)的值,其中 datatype 是任意类型。

3. 交换变量的值

a←→b;

功能是交换变量 a 和 b 的值。

4. 出错处理语句

error("错误信息");

该语句的功能是出错提示,等价于下列语句的功能:

print("错误信息");

5. 注释

本书采用注释语句是采用 C++语言的注释形成,如

a←→b;　　　　　　　　//表示交换变量 a,b 的值

1.3.2　算法分析

对于数据结构中的算法或计算机的程序设计,算法分析是十分重要的,同时也是相当复杂的。

1. 算法的特性

(1) 有穷性:一个算法必须在执行有穷步骤之后正常结束,而不能形成无穷循环。

(2) 确定性:算法中的每一条指令必须有确切的含义,不能产生多义性。

(3) 正确性:算法中的每一条指令必须是切实可执行的,即原则上可以通过已经实现的基本运算执行有限次来实现。

(4) 输入:一个算法具有零个或多个输入。

(5) 输出:一个算法具有一个或多个输出。

2. 如何评价算法好坏

通常设计一个"好"的算法应考虑达到以下目标:

(1) 正确性:算法的执行结果应当满足预先设定的功能和要求。

(2) 可读性:一个算法应当思路清晰、层次分明、易读易懂。

（3）健壮性：当输入数据非法时，算法也能适当地做出反应或进行处理，不会产生莫名其妙的结果。

（4）高效性：对同一个问题，执行时间越短，算法的效率就越高。

（5）低存储量：完成相同的功能，执行算法时所占用的存储空间应尽可能少。

如何衡量和评价一个算法的优劣呢？假如所设计的算法在逻辑上是可行的，那么评价一个算法的标准很多，但是通常有以下 3 个方面的考虑因素：

（1）执行算法后，在计算机中运行所消耗的时间，即所需的机器时间。

（2）执行算法时，在计算机中所占存储量的大小，即所需的存储空间。

（3）所设计的算法是否易读、易懂，是否容易转换成可执行的程序语言。

衡量算法的主要性能指标包括时间性能、空间性能，其中时间性能是指运行算法所需的时间度量，而空间性能是指运行算法所需的辅助空间规模的度量。

3. 时间复杂度（Time Complexity）

通常比较算法时间复杂度，不能用计算机上运行时间来统计，因为计算机硬件和软件的环境，容易掩盖算法本身的优劣。然而，在实际应用时，精确计算基本语句的执行次数是很困难的，一般情况下，大致计算出相应的数量级即可。

通常情况下，算法中操作重复执行的次数是规模 n 的某个函数 $f(n)$，算法的时间复杂度 T(n) 的数量级可记作：

$$T(n) = O(f(n)) \tag{1-1}$$

它表示随着问题规模的扩大，算法执行时间的增长率和 $f(n)$ 的增长率相同，称作算法的渐近时间复杂度，简称时间复杂度。

下面，我们来看几个例子：

例 1-1：交换 A 和 B 的内容。

（1）A＝10；

（2）B＝20；

（3）T＝A；

（4）A＝B；

(5) B=T；

五条语句的执行的频度均为 1，执行时间是与问题规模 n 无关的常数，算法的执行次数 $f(n)=5$；时间复杂度为常数阶，即 O(1)。

例 1-2： 下列程序求斐波那契数列前 2n 项和。

(1)　　 sum=0；　　　　　　　　　//执行 1 次

(2)　　 x=0；y=1；　　　　　　　//执行 2 次

(3)　　 for (k=1;k<=n;k++)

(4)　　 {　 sum=sum+x+y；　　//执行 n 次

(5)　　　　 x=x+y；　　　　　　//执行 n 次

(6)　　　　 y=x+y；　　　　　　//执行 n 次

(7)　　 }

所有语句执行次数之和为：1+2+n+n+n。

当 n→∞时，显然有：

$$\lim_{n \to \infty} \frac{f(n)}{n} = \lim_{n \to \infty} \frac{(1+2+n+n+n)}{n} = 3$$

所以时间复杂度为 O(n)。

例 1-3： 下列程序是求二维数组各列元素和与所有元素和。

(1)　　 sum=0；　　　　　　　　　//执行 1 次；

(2)　　 for (k=1;k<=n;k++)

(3)　　 b[i]=0；　　　　　　　　//执行 n 次；

(4)　　 for (i=1;i<=n;i++)

(5)　　 {

(6)　　　 for　(j=1; j<=n;j++)

(7)　　　　 b[i]=b[i]+a[i][j]；　　//执行 n^2 次；

(8)　　　　 Sum=sum+a[i][j]；　　//执行 n^2 次；

(9)　　 }

所有语句执行次数之和为：$1+n+n^2+n^2$。

当 n→∞时，显然有：

$$\lim_{n \to \infty} \frac{f(n)}{n^2} = \lim_{n \to \infty} \frac{(1+n+n^2+n^2)}{n^2} = 2$$

所以时间复杂度为 $O(n^2)$。

常见函数的增长率如图 1-3 所示。通常用 $O(1)$ 表示常数计算时间。当 n 越大时，其关系如下：

$$O(1) < O(\lg n) < O(n) < O(n \lg n) < O(n^2) < O(n^3) < O(2^n)$$

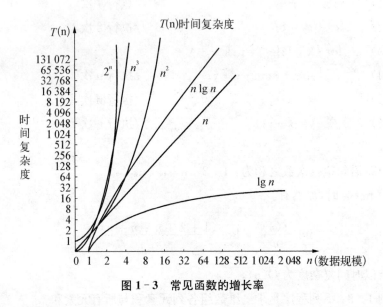

图 1-3　常见函数的增长率

4. 空间复杂度（Space Complexity）

一个程序的空间复杂度是指程序运行从开始到结束所需要的辅助存储空间。类似于算法的时间复杂度，我们把算法所需存储空间的量度，记作

$$S(n) = O(f(n)) \tag{1-2}$$

其中 n 为问题的规模。一个程序上机执行时，除了需要存储空间来存放本身所用的指令、常数、变量和输入数据外，还需要一些对数据进行操作的工作单元和实现算法所必需的辅助空间。在进行空间复杂度分析时，如果所占空间量依赖于特定的输入，一般都按最坏情况来分析。

本 章 小 结

1. 数据结构是研究数据逻辑结构、物理结构，以及它们之间的相互关系和所定义的算法在计算机上运行的学科。

2. 数据的逻辑结构包括线性结构、树形结构、图形结构三种类型。

3. 数据的存储结构包括顺序存储、链式存储、索引存储、散列存储四种类型。

4. 算法是对特定问题求解步骤的一种描述，是指令的有限序列。算法具有：有穷性、确定性、可行性、输入、输出等特性。

5. 一个好的算法应该达到：正确性、可读性、健壮性、高效性和低存储量等目标。

6. 算法的效率通常用时间复杂度与空间复杂度来评价，应该逐步掌握其基本分析方法。

7. 通常把算法中包含简单操作次数的多少叫作算法的时间复杂度。一般只要大致计算出相应的数量级即可；一个程序的空间复杂度是指程序运行从开始到结束所需的存储量。

本 章 习 题

1. 名词解释
   (1) 数据
   (2) 数据元素
   (3) 数据对象
   (4) 数据结构
   (5) 数据的逻辑结构
   (6) 数据的物理结构

2. 填空题
   (1) 数据结构是研究数据_____、_____，以及它们之间的相互关系和所定义的_____在计算机上运行的学科。
   (2) 数据逻辑结构包括：集合、_____、_____、_____四种类型。
   (3) 数据的存储结构形式包括：_____、_____、_____、_____。
   (4) 算法的五个重要特性是：_____、_____、_____、_____、_____。
   (5) 算法是一个_____的集合；算法效率的度量可以分为_____和_____。

3. 单项选择题

(1) 数据的运算定义在数据的逻辑结构上,只有确定了( ),才能具体实现这些运算。

    A. 数据对象　　B. 逻辑结构　　　　C. 存储结构　　　　D. 数据操作

(2) 数据结构通常是研究数据的( )及它们之间的相互联系。

    A. 存储结构和逻辑结构　　　　　　B. 存储和抽象

    C. 联系和抽象　　　　　　　　　　D. 联系和逻辑

(3) 数据在计算机存储器内表示时,物理地址和逻辑地址相同并且是连续的,称为( )。

    A. 存储结构　　　　　　　　　　　B. 逻辑结构

    C. 顺序存储结构　　　　　　　　　D. 链式存储结构

(4) 除了考虑存储数据结构本身所占用的空间外,实现算法所用辅助空间的多少称为算法的( )。

    A. 时间效率　　B. 空间效率　　　　C. 硬件效率　　　D. 软件效率

(5) 数据结构指的是数据之间的相互关系,即数据的组织形式。数据结构一般包括( )三方面内容。

    A. 数据的逻辑结构、数据的存储结构、数据的描述

    B. 数据的逻辑结构、数据的存储结构、数据的运算

    C. 数据的存储结构、数据的运算、数据的描述

    D. 数据的逻辑结构、数据的运算、数据的描述

(6) 算法是对特定问题求解步骤的一种描述,是一系列将输入转换为输出的计算步骤。其特性除了包含输入和输出外,还包括( )。

    A. 有穷性、正确性、可行性　　B. 有穷性、正确性、确定性

    C. 有穷性、确定性、可行性　　D. 正确性、确定性、可行性

(7) 评价一个算法时间性能的主要标准是( )。

    A. 算法易于调试　　　　　　　　B. 算法易于理解

    C. 算法的稳定性和正确性　　　　D. 算法的时间复杂度

(8) 设语句 t=t+i 的时间是单位时间,则语句:

```
sum=0;
for  (i=1;i<=n; i++)
        sun+=+i;
```

的时间复杂度为：（　　）。

    A. $O(1)$ B. $O(n)$ C. $O(n^2)$ D. $O(n^3)$

（9）下面程序段各语句执行次数之和为（　　）。

```
i=s=0;
while (s<n)
{
  i++; s++;
}
```

    A. $2n+1$ B. $3n+1$ C. $3n+2$ D. $3n+3$

（10）下面程序段执行的时间复杂度为（　　）。

```
for(i=1;i<=n;i++)
    for(j=1;j<=i;j++)
        s++;
```

    A. $O(n)$ B. $O(\lg n)$ C. $O(n^2)$ D. $O(n^3)$

4. 常用的存储表示方法有哪几种？

5. 设三个函数 f,g,h 分别为 $f(n)=10n^3-20n^2+30n-40$，$g(n)=25n^3+50n^2$，$h(n)=n^{2.5}+60n\lg n$ 请判断下列关系是否成立：

    （1）$f(n)=O(g(n))$

    （2）$g(n)=O(f(n))$

    （3）$h(n)=O(n^{2.5})$

    （4）$h(n)=O(n\lg n)$

6. 试分析下列程序段的时间复杂度

    （1）
```
i=1; k=0;
while(i<=n-1)
{   k+=10*i;
    i++;
}
```

    （2）
```
i=1;  j=0;
while(i+j<=n)
{
    if (i>j)
```

```
            j++;
        else
            i++;
        }
(3) s=0;
    for (i=0; i<n; i++)
        for (j=0; j<n; j++)
        s+=B[i][j];
```

第 2 章 线性表

线性表是一种最简单、最基本、最常用的数据结构。本章主要介绍线性表的顺序存储和链式存储结构，以及线性表的基本操作。

2.1 线性表的基本概念

2.1.1 线性表的定义

线性表(Linear List)是一种线性数据结构，其特点是数据元素之间存在"一个对一个的关系"。在一个线性表中每个数据元素的类型都是相同的，即线性表是由同一类型的数据元素构成的线性结构。

1. 线性表的定义

线性表是具有相同数据类型的 $n(n \geqslant 0)$ 个数据元素的有限序列，通常记为

$$(a_1, a_2, \cdots, a_{i-1}, a_i, a_{i+1}, \cdots, a_n)$$

其中 n 为表长，$n=0$ 时称为空表。

在线性表中相邻元素之间存在着顺序关系。a_1 为开始结点，它没有直接前趋。a_n 为终端结点，它没有直接后继。除了开始结点和终端结点以外，其余的结点都有且仅有一个直接前驱和一个直接后继。

2. 线性表举例

需要说明的是：a_i 为序号为 i 的数据元素 $(i=1,2,\cdots,n)$，通常我们将它的数据类型抽象为 datatype，datatype 可以根据具体问题而定。

(1) 简单的线性表

例如一个月有 30 天：

$(1,2,3,4,5,6,7,8,9,10,11,12,\cdots,30)$

在 C 语言中我们可以把它们定义为数值型。

又例如某班级学生的出生日期排序表:

$(1990/1/2,1990/4/5,1990/4/24,\cdots,1990/12/2,1990/12/18,1990/12/30)$

在 C 语言中我们可以把它们定义为日期型。

(2) 复杂的线性表

引用表 2-1,学生成绩表可以是用户自定义的学生类型(如 C 语言中的结构体或数据库管理系统中的记录)。

表 2-1 学生成绩表

学　号	姓　名	性　别	入学总分
1352001	王林	男	440
1352002	张军	男	435
1352003	谢红	女	438
1352004	李羽	男	430
1352005	王明	男	445
1352006	赵丽	女	428
1352007	张霞	女	432
1352008	孙珊	女	437
1352009	李梅	女	426
1352010	龚毅	女	425

由于表格中各记录之间存在"一对一"的关系,所以它也是一种线性表。

2.1.2 线性表的运算

在绪论中我们知道,数据结构的运算是定义在逻辑结构层次上的,而运算的具体实现是建立在存储结构上的,因此下面定义的线性表的基本运算作为逻辑结构的一部分,每一个操作的具体实现只有在确定了线性表的存储结构之后才能完成。

线性表上的基本操作有:

（1）创建线性表：CreateList()

初始条件：表不存在；

操作结果：构造一个空的线性表。

（2）求线性表的长度：LengthList(L)

初始条件：表 L 存在；

操作结果：返回线性表中的所含元素的个数。

（3）按值查找：SearchList(L,x)，x 是给定的一个数据元素。

初始条件：线性表 L 存在；

操作结果：在表 L 中查找值为 x 的数据元素，其结果返回在 L 中首次出现的值为 x 的那个元素的序号或地址，表示查找成功；否则，在 L 中未找到值为 x 的数据元素，返回一个特殊值，表示查找失败。

（4）插入操作：InsList(L,i,x)

初始条件：线性表 L 存在，插入位置正确（$1<=i<=n+1$，n 为插入前的表长）。

操作结果：在线性表 L 的第 i 个位置上插入一个值为 x 的新元素，这样使原序号为 i, i+1, …, n 的数据元素的序号变为 i+1, i+2, …, n+1，插入后表长＝原表长＋1。

（5）删除操作：DelList(L,i)

初始条件：线性表 L 存在，$1<=i<=n$。

操作结果：在线性表 L 中删除序号为 i 的数据元素，删除后使序号为 i+1, i+2, …, n 的元素变为序号为 i, i+1, …, n−1，新表长＝原表长−1。

（6）显示操作：ShowList(L)

初始条件：线性表 L 存在，且非空。

操作结果：显示线性表 L 中的所有元素。

2.2　线性表的顺序存储和基本操作

2.2.1　线性表的顺序存储

线性表的顺序存储是指在用一组地址连续的存储单元依次存储线性表的数据元素，我们把用这种存储形式存储的线性表称为顺序表。顺序表的逻辑顺序和物理顺序是一致的。如图 2-1 所示。

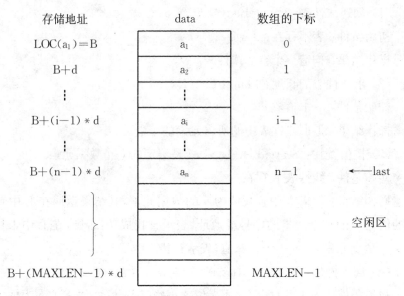

图 2-1 线性表的顺序存储示意图

设 a_1 的存储地址 $LOC(a_1)$ 为首地址 B，每个数据元素占 d 个存储单元，则第 i 个数据元素的地址为：

$$LOC(a_i) = LOC(a_1) + (i-1) * d \qquad 1 <= i <= n$$

即：　$LOC(a_i) = B + (i-1) * d$

这就是说只要知道顺序表首地址和每个数据元素所占存储单元的个数，就可以求出第 i 个数据元素的存储地址来，这也是顺序表具有按数据元素的序号存取的特点。

在程序设计语言中，一维数组在内存中占用的存储空间就是一组连续的存储区域，因此，用一维数组来表示顺序表的数据存储是最合适的。考虑到线性表的运算有插入、删除等运算，则要求表长是可变的，所以，数组的容量需设计的足够大。假设用 data[MAXLEN] 来表示，其中 MAXLEN 是一个根据实际问题定义的足够大的整数。在 C 语言中，线性表中的数据从 data[0] 开始依次顺序存放，直到 data[MAXLEN-1]。此外，当前线性表中的实际元素个数可能达不到 MAXLEN 那么多时，需要用一个变量 last 来记录当前线性表中最后一个元素在数组中的位置，即 last 起到了一个指针的作用，始终指向线性表中的最后一个元素。从 last 到 data[MAXLEN-1] 为空闲区；当 last<0

时,表示表空。例如:

$$datatype\quad data[MAXLEN];$$

$$int\quad last;$$

如图 2-1 所示,设表长为 last+1,则数据元素分别存放在 data[0]到 data[last]中。这样使用简单方便,但有时管理却不方便。

从结构性上考虑,通常将 data 和 last 封装成一个结构作为顺序表的类型:

typedef　struct

　{ datatype　data[MAXLEN];

　　int　last;

　} SeqList;

定义一个顺序表: SeqList　L;

这样,表示的线性表的顺序存储示意图如图 2-2 所示。

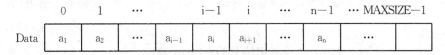

图 2-2　线性表的顺序存储

2.2.2　顺序表的基本操作

1. 顺序表的初始化

顺序表的初始化,即构造一个空表,将 L 设为指针参数,动态分配存储空间,然后,将表中 last 指针置为 -1,表示表为空。算法如下:

```
SeqList * InitList( )
  { SeqList * L;
  L=new SeqList;
  L->last=-1;                    //初始的顺序表为空
  return L;
  }
```

2. 插入运算

线性表的插入是指在表的第 i 个位置上插入一个值为 x 的新元素,插入后使原表长为 n 的表,成为表长为 n+1 的表。

顺序表插入结点运算的步骤如下:

(1) 将 $a_n \sim a_i$ 之间的所有结点依次后移,为新元素让出第 i 个位置。

(2) 将新结点 x 插入到第 i 个位置。

(3) 修改 last 指针(相当于修改表长),使之仍指向最后一个元素。

算法如下:

```
int    InsList(SeqList * L,int i,datatype x)
{   int j;
    if (L->last==MAXLEN-1)
        {
            printf("顺序表已满!"); return(-1);    //顺序表已满,不能
                                                        插入
        }
    if (i<1 ‖ i>L->last+2)                      //检查给定的插入
                                                    位置的正确性
        {   printf("位置出错!");return(0);
        }
    for(j=L->last;j>=i-1;j--)                    //结点移动
        L->data[j+1]=L->data[j];
    L->data[i-1]=x;                             //新元素插入
    L->last++;                                  //last 仍指向最后元素
    return (1);                                 //插入成功,返回
}
```

要注意的问题是:

(1) 顺序表中数据区域有 MAXLEN 个存储单元,所以在插入时先检查顺序表是否已满,在表满的情况下不能再做插入,否则产生溢出错误。

(2) 检验插入位置的有效性,这里 i 的有效范围是:1<=i<=n+1,其中 n 为原表长。

(3) 注意数据的移动方向,必须从原线性表最后一个结点(a_n)起往后移动。

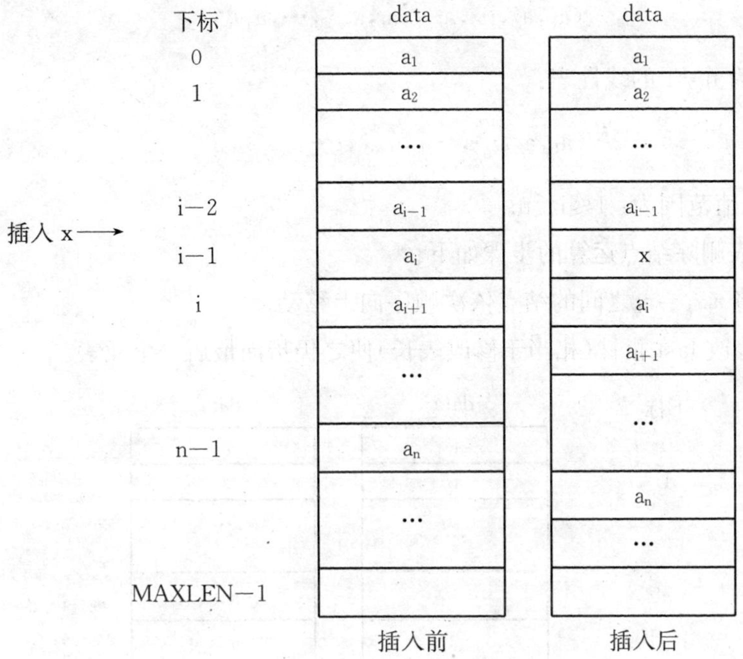

图 2‐3　顺序表中的插入

插入算法的时间性能分析：

顺序表上的插入运算，时间主要消耗在数据的移动上，在第 i 个位置上插入 x，从 a_n 到 a_i 都要向下移动一个位置，共需要移动 n−i+1 个元素，而 i 的取值范围为：$1<=i<=n+1$，即有 n+1 个位置可以插入。设在第 i 个位置上作插入的概率为 P_i，则平均移动数据元素的次数：

$$E_{in} = \sum_{i=1}^{n+1} p_i(n-i+1)$$

设：$P_i = 1/(n+1)$，即为等概率情况，则：

$$E_{in} = \sum_{i=1}^{n+1} p_i(n-i+1) = \frac{1}{n+1} \sum_{i=1}^{n+1}(n-i+1) = \frac{n}{2}$$

这说明：在顺序表上做插入操作需移动表中一半的数据元素。显然时间复杂度为 O(n)。

3. 删除运算

线性表的删除运算是指将表中第 i 个元素从线性表中去掉，删除后使原表长为 n 的线性表：

$$(a_1,a_2,\cdots,a_{i-1},a_i,a_{i+1},\cdots,a_n)$$

变为表长为 n−1 的线性表：

$$(a_1,a_2,\cdots,a_{i-1},a_{i+1},\cdots,a_{n-1})。$$

i 的取值范围为：$1\leqslant i\leqslant n$。

顺序表删除结点运算的步骤如下：

(1) 将 $a_{i+1}\sim a_n$ 之间的结点依次顺序向上移动。

(2) 修改 last 指针(相当于修改表长)使之仍指向最后一个元素。

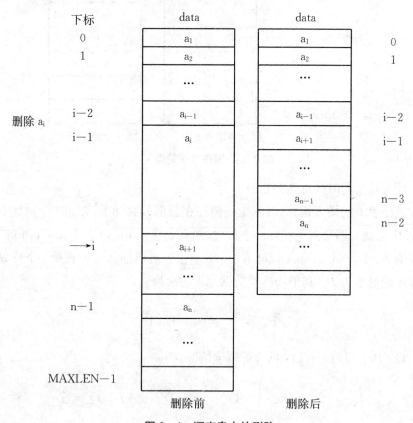

图 2−4 顺序表中的删除

算法如下：

```
int DelList(SeqList * L;int i)
  { int  j;
    if(i<1 ‖ i>L−>last+1)              //检查空表及删除位置的
```

合法性

```
{ printf ("不存在第 i 个元素"); return (0);
}
for(j=i;j<=L->last;j++)              //向上移动
    L->data[j-1]=L->data[j];
L->last--;                          //last 仍指向最后元素
return(1);                          //删除成功
}
```

本算法请注意以下问题：

（1）首先要检查删除位置的有效性，删除第 i 个元素，i 的取值为：1<=i<=n。

（2）当表空时不能做删除，因表空时 L->last 的值为-1，条件(i<1 ‖ i>L->last+1)也包括了对表空的检查。

（3）删除 a_i 之后，该数据则已不存在，如果需要，必须先取出 a_i 后，再将其删除。

删除算法的时间性能分析

与插入运算相同，其时间主要消耗在了移动表中元素上，删除第 i 个元素时，其后面的元素 $a_{i+1} \sim a_n$ 都要向前移动一个位置，共移动了 n-i 个元素，所以平均移动数据元素的次数：

$$E_{de} = \sum_{i=1}^{n} p_i(n-i)$$

在等概率情况下，$p_i = 1/n$，则：

$$E_{de} == \sum_{i=1}^{n} p_i(n-i) = \frac{1}{n} \sum_{i=1}^{n} (n-i) = \frac{n-1}{2}$$

这说明顺序表上作删除运算时大约需要移动表中一半的元素，显然该算法的时间复杂度为 O(n)。

4. 按值查找

线性表中的按值查找是指在线性表中查找与给定值 x 相等的数据元素。在顺序表中完成该运算最简单的方法是：从第一个元素 a_1 起依次和 x 比较，直到找到一个与 x 相等的数据元素，则返回它在顺序表中的存储下

标或序号(二者差一);或者查遍整个表都没有找到与 x 相等的元素,返回
—1。

算法如下:

```
int LocationSeqList(SeqList *L, datatype x)
{   int i=0;
    while(i<=L->last && L->data[i]! = x)
            i++;
    if (i>L->last)   return −1;
    else      return i;                         //返回的是存储位置
}
```

上述算法的主要运算是比较。显然比较的次数与 x 在表中的位置,及表
的长度 MAXLEN 有关。当 $a_1 = x$ 时,比较一次成功;$a_n = x$,时比较 n 次成功。
平均比较次数为(n+1)/2,时间复杂度为 O(n)。

2.2.3　顺序表的应用

下面利用顺序表求解 Josephus 问题。Josephus 问题描述如下:

设 n 个人围坐在一个圆桌周围,现在从第 1 个人开始报数,数到第 m 个
人,让他出局;然后从出局的下一个人重新开始报数,数到第 m 个人,再让他出
局,……,如此反复直到所有的人全部出局为止。

要解决的 Josephus 问题是:对于任意给定的 n 和 m,求出这 n 个人的出
局序列。

用整数序列 1, 2, 3, …, n 表示顺序围坐在圆桌周围的人,并采用数组表
示作为求解过程中使用的数据结构。

算法如下:

```
while(出圈人数<总人数)
{
            从 start 下标依次查找 status 为 0 的下标(需要保存 start 下标)
                计数
            判断计数是否等于出圈数
            若计数等于出圈数
                    更新对应下标的 status,出圈人数加 1
```

```
}
#include <stdio. h>
void joseph()
{
    int N,m;
    printf("请输入人数 N,和出列数 m\n");
    scanf("%d,%d",&N,&m);
    int status[1000]={0,0};
    int start;
    start = -1;
    int count = 0;
    while(count<N)
    {   int i=0;
        while(1)
        {   start = (start+1) % N;
            if(status[start] == 0)
            {   i++;}
            if(i == m)
            {   ++count;
                status[start]=count;
                printf("%4d",start+1);
                break;
            }
        }
    }
    printf("\n");
}
```

2.3　线性表的链式存储和基本操作

通过上一节的学习,我们可以看到,由于顺序表的存储结构是逻辑上相邻的两个元素在物理位置上也相邻,因此存储十分简单。但是顺序存储结构对作插入、删除时需要通过移动大量的数据元素,影响了运行效率。

本节介绍线性表链式存储结构,它不需要用地址连续的存储单元来实现,因为它不要求逻辑上相邻的两个数据元素物理上也相邻,而是通过"链",建立数据元素之间的逻辑关系。链式存储的线性表对于插入、删除操作不再需要移动数据元素,但顺序表随机存取的优点也随之失去了。

2.3.1 线性链表

线性链表——链接式存储的线性表。

1. 线性链式存储结构的特点

(1) 用一组任意的存储单元存储线性表的数据元素

链表是通过一组任意的存储单元来存储线性表中的数据元素。存储单元可以是连续的,也可以是不连续的。

(2) 单链表的每个结点由一个数据域和一个指针域组成

结点中存放数据元素信息的域称为数据域;存放其后继地址的域称为指针域。因为 n 个元素的线性表通过每个结点的指针域连接成了一个"链子",所以也称为链表;又因为每个结点中只有一个指向后继结点的指针,所以称其为单链表(或线性链表)。其结构如图 2-5 所示。

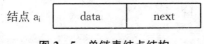

图 2-5　单链表结点结构

(3) 单链表的存取必须从头指针开始

如线性表$(a_1, a_2, a_3, a_4, a_5, a_6, a_7, a_8)$对应的链式存储结构如图 2-6 所示。

首先必须将第一个结点的地址 1000 放到一个头指针变量(如 H)中,最后一个结点没有后继,其指针域必须置空,表明此线性表到此结束。这样就可以从第一个结点的地址开始,顺着指针依次找到每个结点。

作为线性表的一种存储结构,我们考虑的是结点间的逻辑结构,对每个结点的实际地址并不关心,所以通常的线性链表用图 2-7 的形式表示。

存储地址	数据域	指针域
2000	a_6	3200
1400	a_2	1800
2500	a_5	2000
1800	a_3	1200
1000	a_1	1400
2400	a_8	NULL
1200	a_4	2500
3200	a_7	2400

头指针 H
1000

图 2-6 链表存储示意图

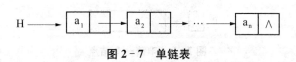

图 2-7 单链表

2. 关于头指针、头结点和开始结点

（1）头指针：指向链表中第一个结点（头结点或无头结点时的开始结点）的指针。

（2）头结点：在开始结点之前附加的一个结点。

（3）开始结点：在链表中,存储第一个数据元素（a_1）的结点。

通常我们用"头指针"来标识一个线性链表,如线性链表 L、线性链表 H 等,是指某链表的第一个结点的地址放在了指针变量 L、H 中,头指针为 "NULL"则表示一个空表。由于单链表不能随机存取存储的数据元素,在单链表中存取第 i 个元素,必须从头指针出发寻找,其寻找的时间复杂度为 O(n)。

3. 在 C（或 C++）可以用"结构体指针"来描述

单链表由一个个结点构成,其结点的定义如下:

```
typedef struct linknode
        {   datatype data;
            struct linknode * next;
        } Node, * LinkList;
```

定义头指针变量:

```
LinkList   H;
```

上面定义的 Node 是结点的类型,LinkList 是指向 Node 类型结点的指针类型。为了增强程序的可读性,通常将标识一个链表的头指针说明为 LinkList 类型的变量,如 LinkList L;当 L 有定义时,值要么为 NULL,则表示一个空表;要么为第一个结点的地址,即链表的头指针;将操作中用到指向某结点的指针变量说明为 Node ＊类型,如 Node ＊p;则语句:

        p=new Node;

完成了申请一块 Node 类型的存储单元的操作,并将其地址赋值给变量 p。如图 2-8 所示。

图 2-8 申请一个结点

p 所指的结点为 ＊p,＊p 的类型为 Node 型,所以该结点的数据域为 (＊p).data 或 p—>data,指针域为(＊p). next 或 p—>next。

delete(p)则表示释放 p 所指的结点。

2.3.2 单链表的基本操作

1. 建立线性链表

链表与顺序表不同,它是一种动态管理的存储结构,链表中的每个结点占用的存储空间不是预先分配的,而是运行时系统根据需求分配的,因此建立线性链表从空表开始,每读入一个数据元素则申请一个结点,然后插入链表的头部,如图 2-9 展示了线性表(15,35,8,36,14)的链式存储的建立过程,因为是在链表的头部插入,读入数据的顺序和线性表中的逻辑顺序是相反的。

算法如下:

```
void CreateList()                          //建立线性表
{
    node ＊ head,＊ p,＊ s;
    char x;
    int z=1;
    head = NULL;
```

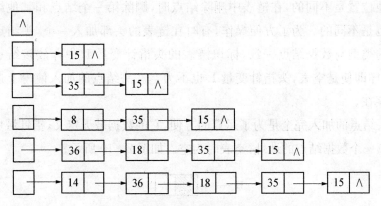

图 2 - 9　在头部插入建立单链表

```
p=head;
printf("\n\t\t 建立一个线性表");
printf("\n\t\t 说明：请逐个输入数,结束标记为-9999! \n");
while(z)
{    printf("\t\t 输入：");
     scanf("%d",&x);
     getchar();
     if(x! =-9999)                    //输入-9999 完成建立
     {
          s=new node;
          s->data=x;
          s->next=head;
          head=s;
     }
     else z=0;                         //输入循环结束
}
```

　　因为第一个结点加入时,链表为空,它没有直接前驱结点,它的地址就是整个链表的起始地址,需要放在链表的头指针变量中;而其他结点插入时是有直接前驱结点的,其地址放入其直接前驱结点的指针域中。这样的问题在很多操作中都会遇到,如在链表中插入结点时,将结点插在第一个位置和其他位置是不同的,在链表中删除结点时,删除第一个结点和其他结点的处理也是不同的。为了方便操作,有时在链表的头部加入一个"头结点",头结点的类型与数据结点一致,标识链表的头指针变量 L 中存放该结点的地址,这样即使是空表,头指针变量 L 也不为空。头结点的加入使得上述问题不再存在。

头结点的加入完全是为了运算的方便,它的数据域无定义,指针域中存放的是第一个数据结点的地址,空表时为空。如图 2-10 所示。

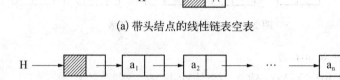

(a) 带头结点的线性链表空表

(b) 带头结点的线性链表非空表

图 2-10 带头结点的单链表

2. 求表长

算法思路:设一个移动指针 p 和计数器 n,初始化后,p 所指结点后面若还有结点,p 向后移动,计数器加 1。

(1) 设 L 是带头结点的线性链表(线性表的长度不包括头结点)。

算法如下:

```
int  LenList1 (LinkList L)
    {  Node  *p=L;                      //p 指向头结点
       int  n=0;
       while (p—>next)
        { p=p—>next; n++ }              //p 所指的是第 n 个结点
       return  n;
    }
```

(2) 设 L 是不带头结点的线性链表。

算法如下:

```
int  LenList2 (LinkList L)
    {  Node  *p=L;
       int  n;
```

```
            if (p==NULL) return　0；          //空表的情况
            n=1；                            //在非空表的情况下,p 所
                                                指的是第一个结点；

        while (p->next )
        { p=p->next；  n++ }
        return  n；
    }
```

从上面两个算法中看到,不带头结点的线性链表空表情况要单独处理,而带上头结点之后则不用了。在以后的算法中不加说明则认为线性链表是带头结点的。以上两个算法的时间复杂度均为 O(n)。

3. 查找操作

(1) 序号查找 SearchList1(L,i)

算法思路:从链表的第一个元素结点开始,判断当前结点是否是第 i 个,若是,则返回该结点的指针,否则继续查找下一个,直到链表结束为止。若没有第 i 个结点则返回空。

算法如下:

```
Node    * SearchList1 (LinkList  L, int  i)
```
　　//在带头结点的线性链表 L 中查找第 i 个元素结点,找到返回其指针,否则返回空
```
    {   Node    *p=L；
        int  j=0；
        while (p->next！=NULL && j<i)
        {
            p=p->next；  j++；
        }
        if (j==i)
            return p；
        else
            return NULL；
    }
```

(2) 值查找即定位 SearchList2(L,x)

算法思路：从链表的第一个元素结点开始，判断当前结点其值是否等于x，若是，返回该结点的指针，否则继续查找下一个，直到链表结束。若找不到则返回空。

算法如下：

Node ＊ SearchList2 （LinkList L，datatype x）

　　//在带头结点的线性链表 L 中查找值为 x 的结点，找到后返回其指针，否则返回空

{

　　Node ＊p＝L—＞next；

　　while（ p！＝NULL && p—＞data！＝x）

　　　　p＝p—＞next；

　　return p；

}

以上两个算法的时间复杂度均为 O(n)。

4. 插入

（1）后插结点：设 p 指向线性链表中某结点，s 指向待插入的值为 x 的新结点，将 ＊s 插入到 ＊p 的后面，插入示意图如图 2－11 所示。

操作如下：

① s—＞next＝p—＞next；

② p—＞next＝s；

注意：两个指针的操作顺序不能交换。

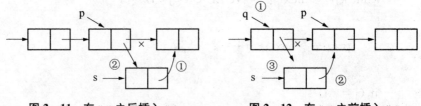

图 2－11　在 ＊p 之后插入 ＊s　　　　图 2－12　在 ＊p 之前插入 ＊s

（2）前插结点：设 p 指向链表中某结点，s 指向待插入的值为 x 的新结点，将 ＊s 插入到 ＊p 的前面，插入示意图如图 2－12 所示，与后插不同的是：首先要找到 ＊p 的前驱 ＊q，然后再完成在 ＊q 之后插入 ＊s，设线性链表头指针为 L，操作如下：

```
q=L;
while (q->next! =p)
q=q->next;                              //找 * p 的直接前驱
s->next=q->next;
q->next=s;
```

顺序表的后插操作的时间复杂度为 O(1),前插操作因为要找 * p 的前驱,时间复杂度为 O(n)。

(3) 插入运算 InsList (L,i,x)

算法思路:

① 找到第 i-1 个结点;若存在继续 2,否则结束;

② 申请一个新结点,并赋值;

③ 将新结点插入;

④ 结束。

算法如下:

```
void InsList(LinkList L,int i,datatype x)     //插入结点元素,head 为头
                                                指针,指向头结点
{
    node * s, * p;
    int j;
    s=new node;
    n++;
    s->data=x;
    if(i==0)
    {
        printf("插入位置非法"。);
    }
    else
    {    p=L;j=1;
        while(p! =NULL&&j<i)
        {    j++;
            p=p->next;
```

```
        }
        if(p! =NULL)
        {   s->next=p->next;
            p->next=s;
        }
        else
            printf("\t\t 未找到! \n");
    }
}
```

这个算法的时间复杂度为 O(n)。

5. 删除

(1) 删除结点：设 p 指向线性链表中某结点，删除 * p。操作如图 2 - 13
所示。

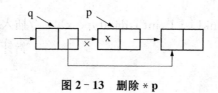

图 2 - 13 删除 * p

通过示意图可见，要实现对结点 * p 的删除，首先要找到 * p 的前驱结点
* q,然后完成指针的操作即可。指针的操作由下列语句实现：

q->next=p->next;

delete (p);

显然找 * p 前驱的时间复杂度为 O(n)。

若要删除 * p 的后继结点(假设存在)，则可以直接完成：

s=p->next;

p->next=s->next;

delete(s);

该操作的时间复杂度为 O(1)。

(2) 删除运算：DelList(L,x)

算法思路：

① 如果链表为空,则不能进行删除操作；

② 查找值为 x 的结点,并得到其先前结点;

③ 将值为 x 的结点从链表中删除。

算法如下:

```
void DelList(LinkList L,datatype x)                //删除结点元素
{
    node * p, * q;
    if(head->next==NULL)
    {
        printf("\t\t 线性表已经为空!");
        return;
    }
    q=head;
    p=head->next;
    while(p! =NULL&&p->data! =x)
    {
        q=p;
        p=p->next;
    }
    if(p! =NULL)
    {
        q->next=p->next;
        delete p;
        printf("\t\t %c 已经被删除!",x);
    }
    else
        printf("\t\t 未找到! \n");
}
```

这个算法的时间复杂度为 O(n)。

通过上面的学习我们可知:

(1) 在线性链表上插入、删除一个结点,必须知道其前驱结点。

(2) 线性链表不具有按序号随机访问的特点,只能从头指针开始向后顺

序进行访问。

2.3.3 其他形式的链表

1. 循环链表

将线性单链表中最后一个结点的指针域指向头结点,整个链表头尾结点相连形成一个环,这就构成了单循环链表。如图 2-14 所示。

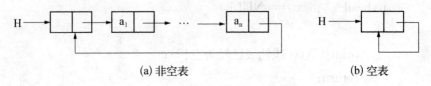

(a) 非空表   (b) 空表

图 2-14 带头结点的单循环链表

在循环链表上的操作和非循环链表上的操作基本相同,差别在于算法中循环条件不是判断指针是否为空(P—>next==NULL),而是判断指针是否为头指针,即:

P—>next==head;

在循环链表中设尾指针(不设头指针)可以简化某些操作。对于线性链表只能从头结点开始遍历整个链表,而对于单循环链表则可以从表中任意结点开始遍历整个链表,不仅如此,有时对链表常做的操作是在表尾、表头进行,此时可以改变一下链表的标识方法,不用头指针而用一个指向尾结点的指针 rear 来标识,可以提高操作效率。当知道其尾指针 rear 后,其另一端的头指针是rear—>next(表中代头结点),仅改变两个指针值即可,其运算时间复杂度为 O(1)。

例如对两个单循环链表 H_1、H_2 的连接操作,是将 H_2 的第一个数据结点接到 H_1 的尾结点,如用头指针标识,则需要找到第一个链表的尾结点,其时间复杂性为 O(n),而链表若用尾指针 T_1,T_2 来标识,则时间性能为 O(1)。操作如下:

p= T_1—>next;   //保存 T_1 的头结点指针

T_1—>next=T_2—>next—>next;   //头尾连接

free(T_2—>next);   //释放第二个表的头结点

T_2—>next=p;   //组成循环链表

这一过程如图 2-15 所示。

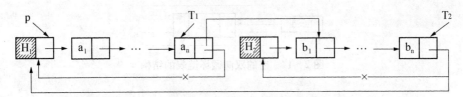

图 2－15　两个用尾指针标识的单循环链表的连接

2. 存储密度

(1) 存储密度是指结点数据本身所占的存储空间和整个结点结构所占的存储空间之比。即

$$存储密度\ d = \frac{结点数据占的存储空间}{整个结点实际分配的存储空间}$$

由此可见：顺序表的存储密度等于 1，而链表的存储密度小于 1。

(2) 采用链式存储比采用顺序存储占用更多的存储空间，是因为链式存储结构增加了存储其后继结点地址的指针域。

(3) 存储空间完全被结点值占用的存储方式称为紧凑存储；否则称为非紧凑存储。显然，顺序存储是紧凑存储，而链式存储是非紧凑存储。存储密度 d 值越大，表示数据结构所占的存储空间越少。

3. 双向链表

(1) 单向链表的缺点是单向链表只能顺指针往后寻找其他结点。若要寻找结点的前驱，则需要从表头指针出发，克服上述缺点可以采用双向链表。

(2) 双向链表由一个数据域和两个指针域组成。结点的结构如图 2－16 所示。

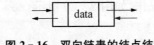

图 2－16　双向链表的结点结构

空的双向循环链表如图 2－17 所示。

非空的双向循环链表如图 2－18 所示。

双链表的 C(或 C＋＋)语言描述：

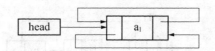

图 2 – 17 空的双向循环链表的结构

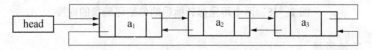

图 2 – 18 非空双向循环链表的结构

struct cdlist

{

    datatype data;   //结点数据

    struct cdlist * front;   //指向先前结点的指针

    struct cdlist * rear;   //指向后继结点的指针

}

（3）双链表的删除操作,如图 2 – 19 所示。

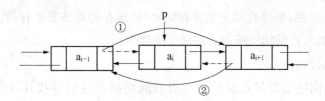

图 2 – 19 双链表删除示意图

具体操作描述:

① p—>front—>rear＝p—>rear;

② p—>rear—>front＝p—>front;

（4）双向链表的插入操作,如图 2 – 20 所示。

具体操作描述:

① p—>front＝q;

② p—>rear＝q—>rear;

③ q—>rear—>front＝p;

④ q—>rear＝p;

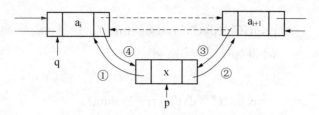

图 2-20 双链表插入

2.3.4 链表的应用

同 2.2.3 顺序表的应用求解一样,这里用单向循环链表求解该问题(假设 s=1)。

算法如下:

```
#include <stdio. h>
#include <stdlib. h>
struct node
{
    int num;
    struct node * next;
}
struct node * head, * last;
void cre_list()
{
    head = (struct node * )malloc(sizeof(struct node));
    head->num=0;
    last = head;
    head->next = head;
}
void display_node()
{
    struct node * ptr = head->next;
    if(head->num==0)
    printf("空表\n");
```

```
        else{
                printf("%d\t",head->num);
                while(ptr ! = head)
                {
                    printf("%d\t",ptr->num);
                    ptr = ptr->next;
                }
                printf("\n");
            }
}
void add_node(int num)
{
    struct node * ptr = (struct node * )malloc(sizeof(struct node));
    if( num==1)
    head->num=num;
    else {
            ptr->num = num;
            ptr->next = head;
            last->next = ptr;
            last = ptr;
        }
    }
void tiren_node(int n,int m)
{
    struct node * ptr=head;
    struct node * qtr=last;
    struct node * str;
    int k=1,t=1;
    while(    t<=n && ptr)
    {
        while(    t<=n &&ptr && k<3)
```

```
        {
            qtr=ptr;
            ptr=ptr->next;
            k++;
        }
        k=1;t++;
        printf("%4d",ptr->num);
        str=ptr;                //删除节点
        ptr=ptr->next;
        qtr->next=ptr;
        free(str);
        }
        printf(" \n");
}
int main()
{
    int i,n,m;
    cre_list();                //创建一个循环空链表
    printf("please input n or m:\n");
    scanf("%d,%d",&n,&m);
    for(i = 1;i <= n;i++)
        add_node(i);           //建立一个不带头结点循环单链表,依次加
                               入节点
    display_node();            //显示链表
    if(head->num==0)    free(head);
    else    tiren_node(n,m);
}
```

本 章 小 结

1. 线性表是一种最简单的数据结构,数据元素之间存在着一对一的关

系。其存储方法通常采用顺序存储和链式存储。

2. 线性表的顺序存储可以采用结构体的形式，它含有两个域。一个整型的长度域，用以存放表中元素的个数；另一个数组域，用来存放元素，其类型可以根据需要而定。顺序存储的最大优点是可以随机存取，且存储空间比较节省，而缺点是表的扩充困难，插入、删除要做大量的元素移动。

3. 线性表的链式存储是通过结点之间的链接而得到的。根据链接方式可以分为：单链表、双链表和循环链表等。

4. 单链表有一个数据域(data)和一个指针域(next)组成，数据域用来存放结点的信息；指针域指出表中下一个结点的地址。在单链表中，只能从某个结点出发查找它的后继结点。单链表最大的优点是表的扩充容易、插入和删除操纵方便，而缺点是存储空间比较浪费。

5. 双链表有一个数据域(data)和两个指针域(front 和 rear)组成，它的优点是既能找到结点的前驱，又能找到结点的后继。

6. 循环链表使最后一个结点的指针指向头结点(或开始结点)的地址，形成一个首尾链接的环。利用循环链表将使某些运算比单链表更方便。

本 章 习 题

1. 名词解释
   (1) 顺序表
   (2) 单链表
   (3) 头指针
   (4) 头结点
   (5) 开始结点
   (6) 双链表
   (7) 循环链表
   (8) 存储密度

2. 填空题
   (1) 顺序表中逻辑上相邻的元素在物理位置_____相连。
   (2) 链表中逻辑上相邻的元素在物理位置_____相连。
   (3) 线性表中结点的集合是_____，结点间的关系是_____。

(4) 顺序表相对于链表的优点有＿＿＿＿和＿＿＿＿。

(5) 链表相对于顺序表的优点有＿＿＿＿和＿＿＿＿操作方便；缺点是存储密度＿＿＿＿。

(6) 在 n 个结点的顺序表中插入一个结点平均需要移动＿＿＿＿个结点,具体的移动次数取决于＿＿＿＿＿＿。

(7) 在 n 个结点的顺序表中删除一个结点平均需要移动＿＿＿＿个结点,具体的移动次数取决于＿＿＿＿＿＿。

(8) 在顺序表中访问任意一个结点的时间复杂度均为＿＿＿＿＿。

(9) 在单链表中除首结点外,任意结点的存储位置都由＿＿＿＿结点中的指针指示。

(10) 在 n 个结点的单链表中要删除已知结点 * p,需要找到＿＿＿＿＿＿。其时间复杂度为＿＿＿＿。

(11) 在双链表中要删除已知结点 * p,其时间复杂度为＿＿＿＿＿。

(12) 在单链表中要在已知结点 * p 之前插入一个新结点,需找到＿＿＿＿,其时间复杂度为＿＿＿＿；而在双链表中,完成同样操作其时间复杂度为＿＿＿＿。

(13) 在循环链表中,可根据一个结点的地址遍历整个链表,而单链表中需知道＿＿＿＿才能遍历整个链表。

(14) 对于一个具有 n 个结点的单链表,在已知的结点 p 后插入一个新结点的时间复杂度为＿＿＿＿,在给定值为 x 的结点后插入一个新结点的时间复杂度为＿＿＿＿。

(15) 根据线性表的链式存储结构中每个结点所含指针的个数,链表可分为＿＿＿＿和＿＿＿＿。

3. 单项选择题

(1) 用单链表方式存储的线性表,存储每个结点需要两个域,一个数据域,另一个是(　　)。

 A. 当前结点所在地址域　　　　B. 指针域

 C. 空指针域　　　　　　　　　D. 空闲域

(2) 在具有 n 个结点的单链表中,实现(　　)的操作,其算法的时间复杂度都是 O(n)。

 A. 遍历链表和求链表的第 i 个结点

B. 在地址为 P 的结点之后插入一个结点

C. 删除开始结点

D. 删除地址为 P 的结点的后继结点

(3) 设 a_1, a_2, a_3 为三个结点；p，10，20 代表地址，则如下的链表存储结构称为（　　）。

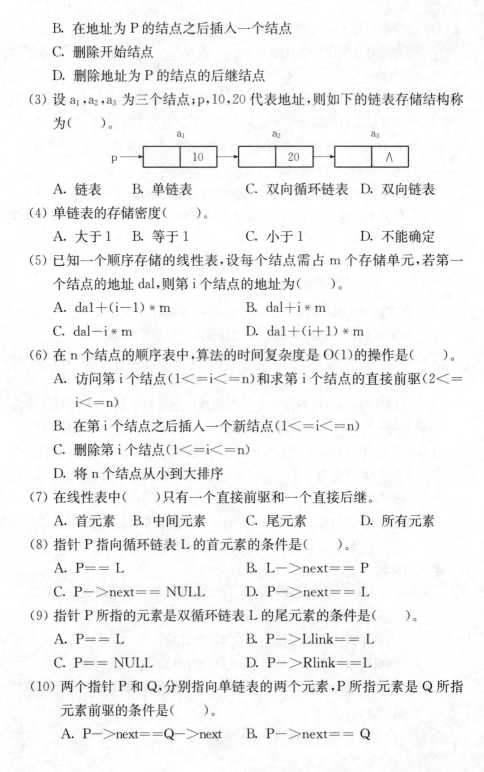

A. 链表　　　B. 单链表　　　　　C. 双向循环链表　D. 双向链表

(4) 单链表的存储密度（　　）。

A. 大于 1　　B. 等于 1　　　　　C. 小于 1　　　　　D. 不能确定

(5) 已知一个顺序存储的线性表，设每个结点需占 m 个存储单元，若第一个结点的地址 dal，则第 i 个结点的地址为（　　）。

A. dal＋(i－1)＊m　　　　　B. dal＋i＊m

C. dal－i＊m　　　　　　　D. dal＋(i＋1)＊m

(6) 在 n 个结点的顺序表中，算法的时间复杂度是 O(1) 的操作是（　　）。

A. 访问第 i 个结点(1<=i<=n)和求第 i 个结点的直接前驱(2<=i<=n)

B. 在第 i 个结点之后插入一个新结点(1<=i<=n)

C. 删除第 i 个结点(1<=i<=n)

D. 将 n 个结点从小到大排序

(7) 在线性表中（　　）只有一个直接前驱和一个直接后继。

A. 首元素　　B. 中间元素　　　C. 尾元素　　　　D. 所有元素

(8) 指针 P 指向循环链表 L 的首元素的条件是（　　）。

A. P== L　　　　　　　　B. L—>next== P

C. P—>next== NULL　　　D. P—>next== L

(9) 指针 P 所指的元素是双循环链表 L 的尾元素的条件是（　　）。

A. P== L　　　　　　　　B. P—>Llink== L

C. P== NULL　　　　　　D. P—>Rlink==L

(10) 两个指针 P 和 Q，分别指向单链表的两个元素，P 所指元素是 Q 所指元素前驱的条件是（　　）。

A. P—>next==Q—>next　　B. P—>next== Q

C. Q—>next== P　　　　D. P== Q

(11) 在(　　)运算中,使用顺序表比链表好。

A. 插入　　　　　　　　B. 删除

C. 根据序号查找　　　　D. 根据元素值查找

(12) 在顺序表中,只要知道(　　　),就可在相同时间内求出任一结点的存储地址。

A. 基地址　　　　　　　B. 结点大小

C. 向量大小　　　　　　D. 基地址和结点大小

(13) 设单链表中指针 p 指向结点 m,若要删除 m 之后的结点(若存在),则需修改指针的操作为(　　)。

A. p—>next=p—>next—>next;

B. p=p—>next;

C. p=p—>next—>next;

D. p—>next=p;

(14) 在一个长度为 n 的顺序表中向第 i 个元素$(0 < i < n+1)$之前插入一个新元素时,需向后移动(　　)个元素。

A. $n-i$　　B. $n-i+1$　　　C. $n-i-1$　　　　D. i

(15) 线性表采用链式存储时,其地址(　　)。

A. 必须是连续的　　　　B. 一定是不连续的

C. 部分地址必须是连续的　　D. 连续与否均可以

4. 下述算法的功能是什么?

(1) ListNode ∗ Demo1(LinkList L,ListNode ∗ p)

　　{//L 是有头结点的单链表

　　　ListNode ∗ q=L—>next;

　　　while(q&&q—>next! =p)

　　　q=q—>next;

　　　if(q)

　　　return q;

　　　else Error(" ∗ p not in L");

　　}

(2) void Demo2(ListNode ∗ p,ListNode ∗ q)

```
{//p, * q 是链表中的两个结点
    DataType temp;
    temp＝p－＞data;
    p－＞data＝q－＞data;
    q－＞data＝temp;
}
```

5. 算法设计题

(1) 写一个对单循环链表进行遍历(打印每个结点的值)的算法,已知链表中任意结点的地址为 P。

(2) 对给定的带头结点的单链表 L,编写一个删除 L 中值为 x 的结点的直接前趋结点的算法。

(3) 将一个顺序表中从第 i 个结点开始的 k 个结点删除。

(4) 有一个单链表(不同结点的数据域值可能相同),其头指针为 head,编写一个函数计算域为 x 的结点个数。

(5) 有两个循环单链表,链头指针分别为 $head_1$ 和 $head_2$,编写一个函数将链表 head1 链接到链表 head2,链接后的链表仍是循环链表。

(6) 编写一个函数实现两个多项式相加的运算。

设多项式链表结构如下:

```
struct pnode
{ int coef; //系数
  int exp; //指数
  struct pnode   * link;
}
```

第 3 章　堆栈与队列

　　堆栈(stack)又名栈，它是一种操作受限的线性表。堆栈的逻辑结构和线性表相同，它是在线性表的基础上，通过施加仅允许在表的一端进行插入和删除的限制，从而构造出的一种"后进先出"的数据结构。允许插入和删除元素的这一端被称为栈顶，相对地，把另一端称为栈底。

　　队列(queue)也是一种操作受限的线性表。与栈不同的是：队列是限制在表的两端进行插入和删除操作的线性表，其中一端只能插入，而另一端只能删除。队列的逻辑结构也和线性表相同，其特点是按"先进先出"的方式来增删元素。只能插入元素的这一端被称为队头，相对地，只能删除元素的另一端被称为队尾。

　　堆栈和队列，都是操作受限的线性表，它们都和线性表一样同属于线性结构；不同的是，堆栈的首要作用是颠倒顺序，而队列的首要作用则是保持顺序。本章主要介绍堆栈和队列的定义、存储、操作，以及它们的简单应用。

3.1　堆栈

　　本节先给出堆栈的基本概念，介绍堆栈的两种存储结构，然后介绍堆栈的基本操作及其应用举例。

3.1.1　堆栈的基本概念

1. 堆栈的定义

　　堆栈是仅能在表头进行插入和删除操作的线性表。要弄清这个概念，首先要明白"栈"的意思，才能把握本质。"栈"原本是存储货物或供旅客住宿的地方,可引申为仓库或中转站,引入到计算机领域里,是指暂时存储数据的地方,因此才有进栈、出栈的说法。

向一个栈中插入新元素又称作进栈、入栈或压栈,它是把新元素放到原栈顶元素的上面,使之成为新的栈顶元素的过程;从一个栈中删除元素又称作出栈或退栈,它是把栈顶元素删除,使其相邻元素成为新的栈顶元素的过程。

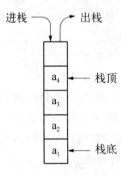

图 3 - 1 堆栈的示意图

设有 n 个元素的堆栈 $S = (a_1, a_2, a_3, \cdots, a_n)$,若只能从其一端插入和删除元素,则称 a_1 为栈底(bottom)元素,a_n 为栈顶(top)元素。堆栈中的元素是按 a_1, $a_2, \cdots, a_n$ 的次序进栈的,且必须按 $a_n, \cdots, a_2, a_1$ 的次序出栈,进栈和出栈操作中的某个操作可以持续进行,也可以两者交替进行。对于任意两个元素 a_i 和 a_j 而言,若 a_i 先于 a_j 进栈,则 a_i 必定晚于 a_j 出栈,因此,我们称堆栈的操作是按照"后进先出"(Last In First Out)的原则进行的。堆栈的示意图如图 3 - 1 所示。

2. 堆栈的特性

(1) 堆栈的最主要特性就是"后进先出",这种"后进先出"的线性表,简称 LIFO 表。

(2) 堆栈是限制在表的一端进行插入和删除操作的线性表。允许插入、删除的这一端称为栈顶,另一端称为栈底。

由于堆栈是操作受限(只允许在栈顶插入和删除)的线性表,其线性结构的本质未变,因此线性表的顺序存储结构和链式存储结构也同样适用于堆栈,只是具体操作方法不同而已。

3.1.2 堆栈的顺序存储和基本操作

堆栈的顺序存储结构简称为顺序栈,是操作受限的顺序表。顺序栈利用一组地址连续的存储单元依次存放从栈底到栈顶的所有元素,同时附设一个整型变量来记录栈顶元素的位置,该整型变量往往被形象地称为"栈顶指针"。

1. 顺序栈的类型定义

在 C 语言中,这一组地址连续的存储单元往往用一维数组或者动态分配的内存来表示。

(1) 用一维数组的方式来实现顺序栈

设栈中的数据元素是 DataType 类型,用一个足够长的一维数组 data 来存放元素,数组的最大容量为 MAXLEN,栈顶指针为 top,则顺序栈可以用 C 语言描述如下:

```
♯define MAXLEN  100          //假定预分配的栈空间为 100 个单元
typedef char DataType;        //假定栈中元素的数据类型为字符
typedef struct
  { DataType data[MAXLEN];   //定义存放栈元素的数组
    int top;                 //定义栈顶指针
  } SeqStack1;
```

注意:

① 顺序栈中的元素用数组存放时,由于数组长度固定为 MAXLEN,因此在程序执行过程中,该栈中最多只能存放 MAXLEN 个元素;

② 栈底位置设为 0 号单元;

③ 栈顶位置是随着进栈和退栈操作而变化的,用一个整型量 top(通常称 top 为栈顶指针)来指示当前栈顶元素的位置(下标)。

若顺序栈的类型定义为上述 SeqStack1,则按如下方式即可定义出一个具体的顺序栈 ss1;为了表明该栈为空,需要对其栈顶指针 top 初始化为 -1。

SeqStack1 ss1;

ss1. top $= -1$;

初始化为空栈的一维数组顺序栈 ss1,其内存布局如图 3-2 所示。

(2) 用动态分配内存的方式来实现顺序栈

设栈中数据元素是 DataType 类型,用一个指针变量 base 指向存放栈元素的内存空间。给栈元素初次分配的内存单元个数为 INIT_LEN,一旦遇到栈元素单元不够时,则马上为其增加 INCR_LEN 个单元。栈顶指针为 top,存放栈元素的内存空间的当前单元个数为 stackSize,则此顺序栈可以用 C 语言描述如下:

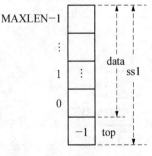

图 3-2　一维数组顺序栈

```
♯define INIT_LEN 100          //初次分配的栈单元个数为 100
♯define INCR_LEN 20           //每次递增的栈单元个数为 20
```

```
typedef char DataType;          //假定栈中元素的数据类型为字符
typedef struct
    { DataType * base;          //定义指向栈元素空间的指针变量
      int StackSize;            //栈元素内存空间的单元个数
      int top;                  //定义栈顶指针
    } SeqStack2；
```

注意：

① 此顺序栈中的元素存放于 base 所指的动态分配的内存中，该内存空间需要在初始化栈时为其分配。当栈中已经有 StackSize 个元素，空间不够用时，可以重新为其分配内存扩充栈元素的空间；

② 栈底位置一般为 base 所指的位置，是固定不变的；

③ 栈顶位置是随着进栈和退栈操作而不断变化的，用一个整型量 top（通常称 top 为栈顶指针）来指示当前栈顶元素的位置。

若顺序栈的类型定义为上述 SeqStack2，则按如下方式即可定义出一个具体的顺序栈 ss2。使用 ss2 之前，必须先给栈元素分配内存空间；为了表明该栈为空，也需要将栈顶指针 top 初始化为－1。具体的代码如下：

```
SeqStack2 ss2;
ss2. base = (DataType * )malloc(INIT_LEN * sizeof(DataType));
ss2. StackSize = INIT_LEN;
ss2. top = －1;
```

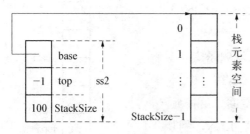

图 3 - 3　动态分配内存顺序栈

初始化为空栈的动态分配内存顺序栈 ss2，其内存布局如图 3－3 所示。

（3）栈的操作示意图

栈的操作如图 3－4 所示，栈顶指针 top 动态地反映了栈中元素的变化情况，通常将 0 下标端设为栈底。

当 top＝－1 时，表示栈空，如图 3－4(a)所示。

当 top＝0 时，表示栈中有一个元素，如图 3－4(b)所示，表示栈中已进栈一个元素 A。

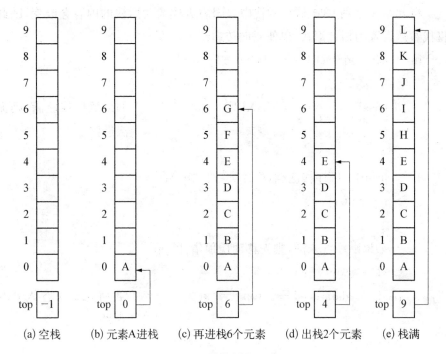

(a) 空栈　　(b) 元素A进栈　　(c) 再进栈6个元素　　(d) 出栈2个元素　　(e) 栈满

图 3-4　栈的操作示意图

每进栈一个元素,top 就增加 1,如图 3-4(c)所示是继续进栈 6 个元素后栈的状态。

每出栈一个元素,top 就减少 1,如图 3-4(d)所示是元素 G、F 相继出栈后的情况。此时栈中还有 A、B、C、D、E 共 5 个元素,top=4,此时栈顶指针已经指向了新的栈顶元素 E。已出栈的元素 G 和 F 虽然仍然存在于原来的存储单元,但是栈顶指针 top 移动后,我们就认为它们已经不在栈中了,因为栈中元素是只存在于栈底和当前栈顶之间。

当 top=9 时,即 top=MAXLEN-1 时,表示栈满,如图 3-4(e)所示。

2. 顺序栈的基本操作

(1) 对于一维数组形式的顺序栈,其基本操作如下。

① 进栈操作

进栈前,首先判断顺序栈的数组空间是否已满。若数组空间已满,则提示栈满,当前元素无法进栈。若数组空间未满,则先移动栈顶指针 top,即先将栈顶指针 top 加 1;然后再将进栈元素存入 top 所指的单元。

进栈函数 push()实现如下:

/ * 将元素 x 进到 pss1 所指的栈中。因为进栈成功后栈的内容会改变,因此将栈参数设置为指针形式,以便双向传递。 * /

```
int push(SeqStack1 * pss1, DataType x)
{
    if (pss1->top==MAXLEN-1)        //如果顺序栈已满,则无
                                       法进栈
    {
        printf("顺序栈已满,进栈失败! \n");
        return 0;
    }
    //如果顺序栈未满,则先移动栈顶指针 top
    pss1->top ++;
    pss1->data[pss1->top] = x;       //再将元素 x 存入 data
                                        数组
    return 1;
}
```

② 出栈操作

出栈前,首先判断顺序栈是否为空。若栈为空,则提示栈空,没有元素可以出栈;若栈不为空,则先将栈顶元素赋值给保存出栈元素的单元,然后再移动栈顶指针 top,即将栈顶指针 top 减 1。

出栈函数 pop()实现如下:

/ * 将栈顶元素出栈到 px 所指的单元,并返回出栈是否成功的状态。若出栈成功,则栈的内容和保存出栈元素的单元都会改变,因此为了双向传递,两个参数均用指针形式。 * /

```
int pop(SeqStack1 * pss1, DataType * px)
{
    if (pss1->top == -1)            //如果顺序栈为空
    {
        printf("栈已空,出栈失败! \n");
        return 0;                   //出栈失败,返回 0
    }
```

//若顺序栈不为空,则先将栈顶元素赋给 px 指向的单元
```
* px = pss1->data[pss1->top];
pss1->top --;              //再移动栈顶指针 top
return 1;                  //出栈成功,返回 1
}
```
③ 其他操作

由于初始化栈,判断栈空,判断栈满,读取栈顶元素等功能比较简单,因此这些功能可以不用函数的形式来实现。但是如果从堆栈操作的规范性考虑,还是应该将这些功能都独立实现,一方面用到的时候可以直接调用,另一方面也可以避免使用这些功能时出错。

```
//初始化顺序栈,因为需要设置栈顶指针,所以用指针形式来双向传递
void initSeqStack(SeqStack1 * pss1)
{
    pss1->top = -1;          //设置栈为空,即栈顶指针为-1
}
//判断顺序栈是否为空
int isEmptyStack(SeqStack1 ss1)
{
    if(ss1. top == -1)       //若栈为空,则返回 1
      return 1;
    else                     //若栈不空,则返回 0
      return 0;
}
//判断顺序栈是否已满
int isFullStack(SeqStack1 ss1)
{
    if(ss1. top == MAXLEN-1) //若栈已满,则返回 1
      return 1;
    else                     //若栈不满,则返回 0
      return 0;
}
```

//获取顺序栈的栈顶元素(类似于出栈操作,但是栈不会有任何改变)

int getTopElem(SeqStack1 ss1，DataType ＊px)

{

    if (isEmptyStack(ss1))   //如果顺序栈为空

    {

        printf("栈为空,无栈顶元素！\n")；

        return 0；   //获取栈顶元素失败,返回 0

    }

    //若顺序栈不为空,则将栈顶元素赋给 px 所指的单元

    ＊px = pss1—>data[pss1—>top]；

    return 1；   //获取栈顶元素成功,返回 1

}

(2) 对于动态分配内存形式的顺序栈,其基本操作如下。

① 进栈操作

进栈前,首先判断栈元素空间是否已满。若栈满,则先扩充栈单元个数,然后再进栈。若栈空间未满,则进栈过程和一维数组形式顺序栈的进栈相同。

进栈函数 push()实现如下：

/＊ 进栈一个元素 x 到 pss2 所指的顺序栈中。若进栈成功,则返回 1；若进栈失败,则返回 0。＊/

int push(SeqStack2 ＊pss2，DataType x)

{

    char choice；   //根据用户选择,决定是否扩充栈空间。

    /＊ pss2—>stackSize 是栈空间的单元个数,而 pss2—>top 是栈顶元素的下标,所以两者比较后可以确定是否有空闲单元。如果有空单元,则直接进栈。＊/

    if(pss2—>stackSize—1 ＞ pss2—>top)

    {

        pss2—>top++；   //先移动栈顶指针 pss2—>top

        pss2—>base[pss2—>top] = x；//再将元素 x 进栈

        return 1；   //返回进栈成功的标志

```
    }
    else           //如果栈空间已满,则可以先扩充空间,然后才能进栈
    {
        fflush(stdin);
        printf("当前顺序栈的数组空间已满,您需要扩充空间吗?（按
            Y 或 y 扩充,按任意键取消扩充)\n");
        choice = getchar();
        if('Y'==choice || 'y'==choice)
        {
            //给顺序栈增加 INCR_LEN 个单元
            pss2->base = (DataType * )realloc(pss2->base,
                (pss2->stackSize+INCR_LEN) * sizeof
                (DataType));
            pss2->stackSize = pss2->stackSize+INCR_LEN;
            pss2->top++;           //扩充空间后,移动栈顶指针
                                        pss2->top
            pss2->base[pss2->top] = x;  //再将元素 x 进栈
            return 1;                    //返回进栈成功的标志
        }
    }
    return 0;               //若前面未 return 1,则返回进栈失败的标志
}
```

② 出栈操作

出栈前,首先判断栈是否为空。若栈为空,则提示栈空,没有元素可以出栈;若栈不为空,则先将栈顶元素赋值给保存出栈元素的单元,然后再移动栈顶指针 top。

出栈函数 pop()实现如下:

```
/ * 将栈顶元素出栈到 px 所指的单元,并返回出栈成功的状态。若出栈
成功,则栈的内容和保存出栈元素的单元都会改变,因此两个参数均用指
针形式。* /
int pop(SeqStack2 * pss2, DataType * px)
```

```
{
    if (pss2->top == -1)            //如果顺序栈为空
    {
        printf("栈为空,出栈失败! \n");
        return 0;                    //出栈失败,返回 0
    }
    //若顺序栈不为空,则先将栈顶元素赋给 px 指向的单元
    * px = pss2->base[pss2->top];
    pss2->top --;                    //再移动栈顶指针 top
    return 1;                        //出栈成功,返回 1
}
```

③ 其他操作

在动态分配内存的顺序栈中,其初始化栈,判断栈空,读取栈顶元素等功能,与一维数组形式的顺序栈中的对应功能几乎完全一致,在此略过。需要注意的是,动态分配内存顺序栈的栈元素空间由于是动态分配的,其大小可以随着进栈元素的增加而扩充,所以没有栈满的情况,因此一般没有判断栈满的操作。

3.1.3 堆栈的链式存储和基本操作

堆栈的链式存储结构简称为链栈,它其实是操作受限的单向链表。因为链栈的结构与单链表的结构相同,通常用单链表来实现。

1. 链栈的类型定义

在定义链栈的结构之前,一般需要先定义出链栈结点的结构,具体的定义形式如下。

```
typedef struct LNode
{ DataType data;                    //data 存放当前结点的数据元素值
  struct LNode * next;              //next 存放下一个栈结点的地址
} StackNode;                        //链栈结点的类型名 StackNode
typedef struct
{
    StackNode * top;                //栈顶指针 top(相当于单向链表的
```

头指针)

} LinkedStack; //链栈的类型名 LinkedStack

由于堆栈的插入和删除操作只能在栈顶进行，而单向链表在表头插入和删除结点效率最高，因此用单向链表的头部做栈顶最为合适。若向链栈中依次进栈 8、5、11、7 等数据元素，则链栈的结构如图 3-5 所示。

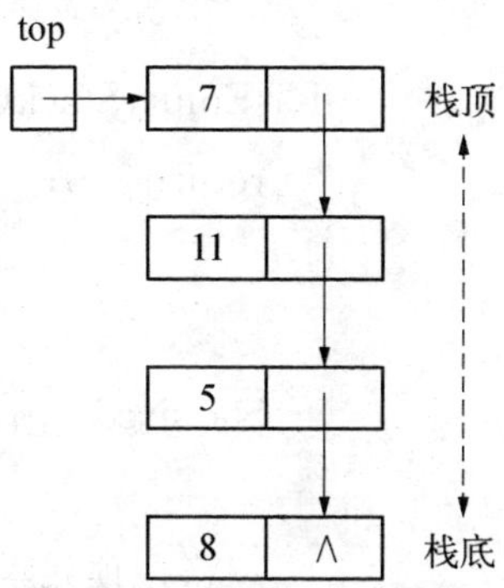

图 3-5　链栈的结构

2. 链栈的基本操作

(1) 初始化为空栈

```
void initLinkedStack(LinkedStack * pls)
{
    pls->top=NULL;          //设置栈顶指针为 NULL，表示栈空
}
```

(2) 判栈空

```
int isEmptyStack(LinkedStack ls)
{
    if(ls. top == NULL)     //若栈顶指针为空
        return  1;          //则栈为空，返回 1
    else
        return  0;          //否则栈不为空，返回 0
}
```

(3) 进栈

```
void push(LinkedStack * pls, DataType x)
{
    //先开辟一个栈结点空间
    StackNode * p = (StackNode * )malloc(sizeof(StackNode));
    p->data = x;            //构造新结点
    p->next = pls->top;     //将新结点插入到原栈顶之前
    pls->top = p;           //插入的新结点成为新的栈顶
}
```

（4）出栈

```
int pop(LinkedStack * pls, DataType * px)
{
    if(isEmptyStack( * pls))              //判断 pls 所指的栈是否为空
        return  0;                        //若栈为空,返回出栈失败的标志
    else
    {
        StackNode * p = pls->top;         //否则定义临时指针 p 指向栈顶
                                          //结点
        //将栈顶元素赋值给 px 所指的单元,用于带回给主调函数
        * px = p->data;
        pls->top = p->next;               //修改栈顶指针,使其指向新的
                                          //栈顶
        free(p);                          //回收出栈结点的空间
        return 1;                         //返回出栈成功的标志
    }
}
```

（5）显示栈中所有元素（假设栈中元素为字符型）

```
void showStack(LinkedStack  ls)
{
    if(IsEmptyStack(ls))                  //若栈为空,则提示栈空
        printf("栈为空! \n");
    else                                  //若栈不为空,则显示栈中所有元素
    {
        StackNode * p = ls. top;          //先设置指针变量 p 指向栈顶结点
        printf("栈元素为:");
        while(NULL ! = p)                 //只要指针 p 所指栈结点仍然存在
        {
            printf(p->data);              //则输出 p 所指结点中的数据元素
            p=p->next;                    //然后将指针变量 p 向后移动
        }
```

```
        printf("\n");
    }
}
```

3.1.4　堆栈的应用举例

在日常生活中,堆栈的应用随处可见,比如一个人穿脱衣服的顺序就符合堆栈操作"先进后出"的原则。假设某人可以穿脱 A,B,C,D 等若干件上衣,在正常情况下,该人就是一个堆栈,他身上所穿的一件件上衣就是堆栈中的一个个元素。随着温度的变化,这个人每次可以选择穿上(进栈)或脱掉(出栈)一件上衣。显然,最先穿上的衣服肯定要最后才能脱掉,最后穿上的衣服必然会最先脱掉,因此穿脱衣服的过程实际上可以看成衣服进栈和出栈的过程。

由于堆栈结构具有后进先出的固有特性,使得堆栈成为程序设计中常用的工具。实际上,凡是符合后进先出原则的问题,都可以用堆栈来处理。以下是堆栈在计算机领域的几个经典应用。

1. 进制转换

整数的进制转换是计算机中的常见操作。若要将十进制整数转换为对应的 M 进制数,一般通过"除 M 取余法"来解决。

假设需要将十进制整数 123 转换为对应的二进制形式,则需采用"除 2 取余法",具体的运算过程如图 3-6 所示。先用 123 除以 2,将商 61 记录在 123 的下边,余数 1 记录在 123 的右边;然后用 61 继续除以 2,将商 30 记录在 61

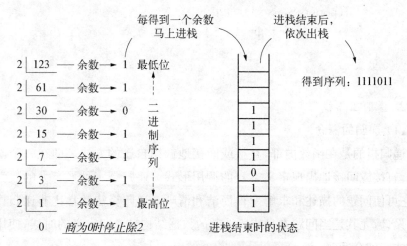

图 3-6　进制转换过程示意图

的下边,余数 1 记录在 61 的右边;不断用新得到的商除以 2,将其余数记录在右边,直到商为零的时候停止,最后得到的一系列余数为 1,1,0,1,1,1,1。

由于最先得到的余数是转化结果的最低位,最后得到的余数是转化结果的最高位,而通常的输出是从高位到低位的,恰好与计算过程相反,因此转换过程中每得到一个二进制位则马上进栈保存,转换完毕后依次出栈则正好是转换结果。

即:$(123)_{10} = (1111011)_2$

十进制转换为二进制的算法如下:

```
typedef int DataType;              //将顺序栈的 DataType 设置为整型
//假设 N 是非负的十进制整数,要求输出等值的 M 进制数(M<10)
void NumBaseConvertion(int N, int M)
{   int x;
    SeqStack S;                    //定义顺序栈
    initStack(&S);                 //初始化顺序栈
    while(N){                      //不断产生 M 进制的各位数字,直到
                                     商为 0
        push(&S, N%M);            //将得到的余数进栈
        N = N/M;                   //将 N 更新为新的商
    }
    while(! isEmptyStack(S)){     //若栈 S 非空,则一直出栈并输出
        if(pop(&S, &x))
            printf("%d", x);
    }
}
```

2. 递归工作栈

(1) 递归的概念

递归指的是在函数内部,直接或间接地调用自己的方法。即在一个函数内部,直接或间接地出现定义本身的调用形式。递归是一种强有力的数学工具,它可使问题的描述和求解变得简洁和清晰。递归算法常常比非递归算法更易设计,尤其是当问题本身或所涉及的数据结构是递归定义的时候,使用递归算法特别合适。

（2）递归算法的步骤

步骤①（递推阶段）：将规模较大的原问题分解为一个或多个规模较小，但具有类似于原问题特性的子问题，即将较大问题不断划分为较小的子问题来描述，用求解原问题的方法来求解这些子问题的过程。

步骤②（回归阶段）：确定一个或多个无需分解，可直接求解的最小子问题，以此作为递推阶段的终止条件。递推阶段结束后，在递推阶段分解出的所有问题，将会在回归阶段依次求出结果。

由于在递推阶段，需要不断将原问题分解为一个或多个规模较小的子问题，直到分解后的子问题足够小时（小到可以直接求解，而无需再次分解），才会开始回归求解。因此，问题分解过程中产生的一系列子问题，必须用某种结构先临时存储起来，然后才能在回归阶段依次处理。因为回归阶段处理问题的顺序，刚好和递推阶段分解问题的顺序相反，所以递归中需要的数据结构正好是堆栈。

（3）递归算法的分类和举例

如果一个函数中所有递归形式的调用都出现在函数的末尾，即递归调用是整个函数体中最后执行的语句，则这个递归调用被称为尾递归。

尾递归函数的特点是在回归过程中只是返回结果，不做其他任何操作。因为这个特点的存在，使得我们能够将所有的尾递归函数改写成用循环实现的形式。但是对于非尾递归的问题，是无法仅用循环来实现的，此时若不允许使用递归，就必须用堆栈。实际上递归的本质，就是使用系统创建的递归工作栈。

例 3-1：非负整数 n 的阶乘可递归定义为：

$$n! = \begin{cases} 1 & n = 0 \\ n * (n-1)! & n > 0 \end{cases}$$

对应的函数代码如下：

```
long facByRecursion(int n)
{
    long r;
    if(0==n || 1==n)
        r = 1;
    else
        r = n * facByRecursion(n-1);
```

```
        return r;
    }
```

显然,求阶乘的问题是一个尾递归问题,因此上述代码可以改写为下面仅用循环的实现形式。

```
long facByLoop(int n)
{   int i;
    long r=1;
    for(i=1; i<=n; i++)
        r = r * i;
    return r;
}
```

例 3-2: Hanoi 塔问题。假设有 3 个分别命名为 A,B,C 的塔座,在塔座 A 上插有 n 个直径大小不同,依小到大编号为 1,2,…,n 的圆盘,如图 3-7 所示。现要求将 A 杆上的 n 个圆盘移到 C 杆上并仍按同样的顺序叠放,圆盘的移动必须遵循下列规则:

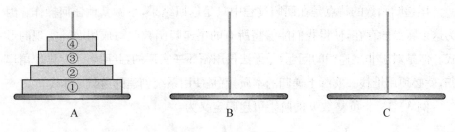

图 3-7 Hanoi 塔示意图

(1) 每次只能移动一个圆盘。

(2) 圆盘可以插在 A,B,C 中的任一塔座上。

(3) 任何时刻都不能将较大的圆盘压在较小的圆盘之上。

当 n=1 时,直接把圆盘从 A 移到 C。

当 n>1 时,分三步操作,第一步先把上面的 n-1 个圆盘从 A 移到 B,第二步将第 n 个盘从 A 移到 C,第三步再将 n-1 个圆盘从 B 移到 C。分解出的这三步操作,把求解 n 个圆盘的 Hanoi 问题转化为求解 n-1 个圆盘的问题,依次类推,直到问题最终分解为移动一个圆盘的问题。

对应的函数代码如下:

```
void hanoi(int n, char x, char y, char z)
{   static int step=1;
    if(n==1)
        printf("%d：%c->%c\n", step++, x, z);
    else
    {   hanoi(n-1, x, z, y);
        printf("%d：%c->%c\n", step++, x, z);
        hanoi(n-1, y, x, z);
    }
}
```

　　显然,Hanoi 问题是一个非尾递归问题,以上代码不能改写为仅用循环的形式来实现。若求解 Hanoi 问题时不允许使用递归,则必须用堆栈来解决。用自定义堆栈来求解 Hanoi 问题时,栈结构中的数据变化如图 3-8 所示。

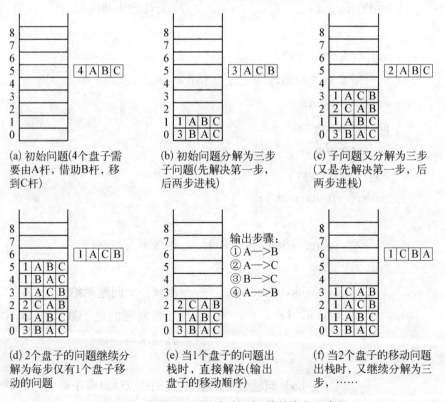

图 3-8　求解 Hanoi 问题过程中,栈的变化示意图

用堆栈求解 Hanoi 问题时，将每个问题都可以抽象为一个栈结点，栈结点及非递归求解 hanoi 问题的函数代码如下。

```
typedef struct node
{    int n;                              //盘子数
     char source;                        //源杆
     char temp;                          //中间杆
     char target;                        //目标杆
}DataType;
//num 为盘子数、x 为源杆、y 为中间杆、z 为目标杆
void hanoi(int num, char x, char y, char z)
{
     LinkedStack stack;
     DataType node, node1, node2, node3;
     static int s=1;                     //s 为移动步骤编号

     initStack(&stack);
     //将需要解决的问题构造为一个结点，并进栈
     node. n=num;
     node. source=x;
     node. temp=y;
     node. target=z;
     push(&stack, node);

     while(! isEmptyStack(stack))    //当栈不为空时
     {
          pop(&stack, &node);        //出栈一个问题赋给 node
          if(node. n>1)              //当前问题的盘子数大于 1，不能
                                      直接求解
          {
               //将 node 问题结点分解为三个子结点(对应于原问题的三个
               步骤)
```

//构造第一个子结点(n—1 个盘子从源杆先移到临时杆上)

```
node1. n = node. n−1;
node1. source = node. source;
node1. temp = node. target;
node1. target = node. temp;
```

//构造第二个子结点(1 个盘子从源杆直接移到目标杆上)

```
node2. n = 1;
node2. source = node. source;
node2. temp = node. temp;
node2. target = node. target;
```

//构造第三个子结点(n—1 个盘子从临时杆移到目标杆上)

```
node3. n = node. n−1;
node3. source = node. temp;
node3. temp = node. source;
node3. target = node. target;
```

//三个子结点依序进栈
//注意进栈顺序,越是需要先解决的问题,进栈后越靠近栈顶

```
push(&stack, node3);
push(&stack, node2);
push(&stack, node1);
        }
else        //当前问题的盘子数等于 1,直接求解(输出移动
            步骤和次序)
printf("\n 第%d 步:%c−−>%c\n", s++, node.
        source, node. target);
    }
}
```

3. 中缀表达式转后缀

（1）中缀表达式和后缀表达式，即算术表达式的中缀表示和后缀表示

表达式是由运算对象、运算符、括号组成的有意义的式子。运算符从运算对象的个数上分，有单目运算符和双目运算符；从运算类型上分，有算术运算、关系运算、逻辑运算。在此仅限于讨论只含二目运算符的算术表达式。

把运算符放在参与运算的两个运算对象中间的算术表达式，称为中缀表达式；相应的，把运算符放在参与运算的两个运算对象之后的算术表达式，则称为后缀表达式。

例如，表达式：$12+34*5-16/8$，就是一个常见的中缀表达式；它所对应的后缀表达式为：$12,34,5,*,+,16,8,/,-$。由于运算对象可能是多位数，为便于区分不同的运算对象，后缀表达式中一般将所有运算对象及运算符用逗号分隔。

中缀表达式中包含了算术运算符和运算对象，而运算符之间又存在着优先级，并且有时为了改变不同部分运算的优先顺序，还会在中缀表达式中添加括号。因此，计算中缀表达式的值时，不能简单地从左向右进行运算，必须先算括号内和优先级高的运算符，再算优先级低的，运算符优先级相同的情况下才会从左向右运算。在计算机中直接对中缀表达式求值较为麻烦，但是对后缀表达式求值却很方便（后缀表达式中没有括号，从左向右扫描一遍即可算出结果，无须考虑运算符的优先级），因此，我们经常需要将中缀表达式转换为后缀表达式。

（2）中缀表达式转换为后缀的算法

中缀表达式转为后缀，需要在考虑运算优先次序的情况下，把每个运算符都移到它的两个运算对象的后面，并且去掉所有的括号。由于中缀表达式中靠左边先出现的低优先级运算符实际计算时可能要后算，所以每个运算符都需要和它后面的运算符进行优先级比较之后，才能确定是否可以输出到后缀表达式。因此，在中缀转后缀的过程中，需要有一个运算符栈来临时保存转换过程中遇到的各个运算符（左括号和右括号可以看作是特殊的运算符）。

假设所讨论的算术运算符包括：$+$、$-$、$*$、$/$、$\%$、$\hat{}$（乘方）和圆括号$()$，所有运算对象为整数。

运算规则为：

① 运算符的优先级从高到低的次序为：$\hat{}$；$*$、$/$、$\%$；$+$、$-$。

② 有括号出现时先算括号内,后算括号外,有多层括号时,由内向外运算。

③ 乘方连续出现时先算最右面的,即 a^m^n＝a^(m^n)。

中缀表达式转后缀的运算思路如下:

① 从左至右扫描中缀表达式;

② 遇到操作数时,直接输出;

③ 遇到运算符时,比较其与 S1 栈(放运算符)顶运算符的优先级;

④ (i) 如果 S1 为空,或栈顶运算符为左括号"(",则直接将此运算符入栈;

(ii) 否则,若优先级比栈顶运算符的高,也将运算符压入 S1(注意转换为前缀表达式时是优先级较高或相同,而这里则不包括相同的情况);

(iii) 否则,将 S1 栈顶的运算符弹出并输出,再次转到(i)与 S1 中新的栈顶运算符相比较;

⑤ 遇到括号时:

(i) 如果是左括号"(",则直接压入 S1;

(ii) 如果是右括号")",则依次弹出 S1 栈顶的运算符,并压入 S2,直到遇到左括号为止,此时将这一对括号丢弃;

⑥ 重复步骤①至⑤,直到表达式的最右边;

⑦ 将 S1 中剩余的运算符依次弹出并输出,结果为中缀表达式对应的后缀表达式。

自左向右扫描中缀表达式"9＋7＊(12＋3)％((28－12)/4)",将其转换成等价的后缀表达式。用栈来实现该运算,栈的变化及输出的后缀表达式如表 3－1 所示。

表 3－1 中缀表达式转后缀的步骤

步骤	运算符栈	输出的后缀表达式	操 作 说 明
1		9,	运算对象 9 直接输出
2	＋	9,	栈为空,＋直接进栈
3	＋	9,7,	运算对象 7 直接输出
4	＋＊	9,7,	＊优先级高于栈顶的＋,＊直接进栈
5	＋＊(	9,7,	'('直接进栈
6	＋＊(	9,7,12,	运算对象 12 直接输出

续 表

步骤	运算符栈	输出的后缀表达式	操 作 说 明
7	+ * (+	9,7,12,	栈顶为'(',+直接进栈
8	+ * (+	9,7,12,3,	运算对象3直接输出
9	+ *	9,7,12,3,+,	遇到')',一直出栈并输出,直到一个'('出栈为止
10	+ %	9,7,12,3,+,*,	%优先级不高于栈顶的*,先出栈输出*,后进栈%
11	+ % ((	9,7,12,3,+,*,	两个'(',都直接进栈
12	+ % ((	9,7,12,3,+,*,28,	运算对象28直接输出
13	+ % ((−	9,7,12,3,+,*,28,	栈顶为'(',−直接进栈
14	+ % ((−	9,7,12,3,+,*,28,12,	运算对象12直接输出
15	+ % (	9,7,12,3,+,*,28,12,−,	遇到')',一直出栈并输出,直到有一个'('出栈为止
16	+ % (/	9,7,12,3,+,*,28,12,−,	栈顶为'(',/直接进栈
17	+ % (/	9,7,12,3,+,*,28,12,−,4,	运算对象4直接输出
18	+ %	9, 7, 12, 3, +, *, 28, 12, −,4,/,	遇到')',一直出栈并输出,直到有一个'('出栈为止
19		9,7,12,3,+, *, 28,12,−, 4,/,%,+,	遇到'\0',一直出栈并输出,直到栈为空时停止
20		9,7,12,3,+, *, 28,12,−, 4,/,%,+,\0	设后缀表达式结束符'\0'

4. 后缀表达式求值

将中缀表达式转换成等价的后缀表达式后,求值时,不需要再考虑运算符的优先级,只需从左到右扫描一遍后缀表达式即可。

后缀表达式求值的具体步骤为:

设置一个 double 型的运算数栈,开始栈为空,然后从左向右扫描后缀表达式。若遇运算对象,则转换为数值型后直接进栈;若遇运算符,则出栈两个元素,先出栈的放到运算符的右边,后出栈的放到运算符左边,算出的结果再进栈,直到后缀表达式扫描完毕。若所给的后缀表达式正确无误,则最后栈中仅有一个元素,即为后缀表达式运算的结果。

后缀表达式求值的思路是从左至右扫描表达式,遇到数字时,将数字压入堆栈,遇到运算符时,弹出栈顶的两个数,用运算符对它们做相应的计算(次顶元素 op 栈顶元素),并将结果入栈;重复上述过程直到表达式最右端,最后运算得出的值即为表达式的结果。

若求后缀表达式:"9,7,12,3,+,*,28,12,-,4,/,%,+"的值,运算数栈的变化情况如表 3-2 所示。

表 3-2　后缀表达式求值的步骤

步骤	运　算　数　栈					操　作　说　明
1	9					运算对象 9 进栈
2	9	7				运算对象 7 进栈
3	9	7	12			运算对象 12 进栈
4	9	7	12	3		运算对象 3 进栈
5	9	7	15			出栈 3 和 12,计算 12+3,并将其结果 15 进栈
6	9	105				出栈 15 和 7,计算 7 * 15,并将其结果 105 进栈。
7	9	105	28			运算对象 28 进栈
8	9	105	28	12		运算对象 12 进栈
9	9	105	16			出栈 12 和 28,计算 28-12,并将其结果 16 进栈。
10	9	105	16	4		运算对象 4 进栈
11	9	105	4			出栈 4 和 16,计算 16/4,并将其结果 4 进栈。
12	9	1				出栈 4 和 105,计算 105%4,并将其结果 1 进栈。
13	10					出栈 1 和 9,计算 9+1,并将其结果 10 进栈。
14						扫描结束,将 10 出栈,10 即为后缀表达式的值。

从上表可知,后缀表达式"9,7,12,3,+,*,28,12,-,4,/,%,+"求得的值为 10,与用中缀表达式"9+7 * (12+3)%((28-12)/4)"求得的结果一致。因为后缀表达式中没有括号,也无须考虑运算符的优先级,只需从左向右扫描一遍即可,遇到运算对象就进栈,遇到运算符就计算后将结果进栈,因此其求

值过程十分简单。

3.2 队列

本节先给出队列(Queue)的基本概念,介绍队列的两种存储结构,然后介绍队列的基本操作及其应用场景。

3.2.1 队列的基本概念

1. 队列的定义

队列是一种特殊的线性表,特殊之处在于它只允许在表的前端(front)进行删除操作,而只允许在表的后端(rear)进行插入操作。和栈一样,队列也是一种操作受限的线性表,它只允许在表的两端进行插入和删除操作。

某个时刻,若队列 $Q=(a_1,a_2,a_3,\cdots,a_n)$ 中有如图 3-9 所示的 n 个元素,则称 a_1 为队头(front)元素,a_n 为队尾(rear)元素。队列中的元素按 $a_1,a_2,a_3,\cdots,a_n$ 的顺序依次进队,也必须按 $a_1,a_2,a_3,\cdots,a_n$ 的顺序依次出队,即队列的操作是按照"先进先出"(First In First Out)的原则进行的,因此,队列也被称为FIFO表,"先进先出"原则有时也称为"先来先服务"原则。

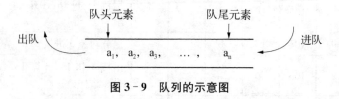

图 3-9　队列的示意图

2. 队列的特点

(1) 队列的主要特点是"先进先出",即先插入队列的元素也必须先从队列中删除。

(2) 队列是限制在一端专门进行插入操作,而在另一端专门进行删除操作的线性表。允许插入元素的一端称为队尾(rear),允许删除元素的一端称为队头或队首(front)。

3.2.2 队列的顺序存储与循环存储和基本操作

队列的顺序存储结构简称为顺序队列,它其实是操作受限的顺序表。顺序队列利用一组地址连续的存储单元依次存放从队头到队尾的所有元素,同时附设两个整型变量来分别记录队头和队尾的位置,这两个整型变量往往被形象地称为"队头指针"和"队尾指针",但它们的值其实是相应数组元素的下标。

1. 顺序队列的类型定义

在 C 语言中,这一组地址连续的存储单元往往用一维数组来表示。当然,也可以和前面的顺序栈一样,采用动态分配的内存来存储队列中的元素,这样当队列的空间不够时,就可以动态扩充队列的单元个数。相对而言,顺序队列空间的动态扩充要比顺序栈稍显复杂,囿于篇幅,此种实现方式本书略过不予讨论,有兴趣的同学可以自行思考并实现这种可动态扩充单元个数的顺序队列。

(1) 用一维数组的方式来实现顺序队列

设队列中的数据元素是 DataType 类型,用一个足够长的一维数组 data 来存放队中元素,数组的最大容量为 MAXLEN,队头指针为 front,栈尾指针为 rear,则顺序队列可以用 C 语言描述如下:

```
#define MAXLEN 100            //假定队列有 100 个存储单元
typedef char DataType;         //假定队中元素的数据类型为字符
typedef struct
   { DataType data[MAXLEN];    //定义存放队列元素的数组
     int front, rear;          //定义队头和队尾指针
   } SeqQueue;
```

针对为顺序队列定义的上述类型 SeqQueue,按如下方式即可定义出一个具体的顺序队列 sq;为了表明该队列为空,可以将其队头指针 front 和队尾指针 rear 均初始化为 -1。

```
SeqQueue sq;
sq. front = sq. rear = -1;
```

注意:

① 顺序队列 sq 中的元素用数组存放,由于数组长度固定为 MAXLEN,在程序执行过程中,该队列中最多只能存放 MAXLEN 个元素;

② 队头和队尾指针的初值同为 -1,而第一个进队的元素一般存入 0 号单元,所以每次应先对队头或队尾指针自增,然后再取走或存入元素。随着进队

和出队操作的进行,队头和队尾指针会不断增加;

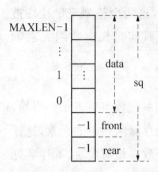

③ 若进队一个元素,则队头指针加 1;若出队一个元素,则队尾指针加 1。由于队头和队尾指针的初值相同,因此队列中的元素个数为 sq. rear－sq. front。显然,若队头和队尾指针相等,则表示队列为空。

初始化为空的顺序队列 sq,其内存布局如图 3－10 所示。

图 3－10 初始化为空的顺序队列

基于以上 SeqQueue 类型的定义,顺序队列的基本操作如下:

① 进队:在队列不满时允许进队,队尾指针加 1,新元素即可进队。

sq. rear＋＋;　　　　　//先将队尾指针加 1

sq. data[sq. rear]＝x;　　//再将元素 x 进队

② 出队:在队列非空时允许出队,队头指针加 1,队头元素即可出队。

sq. front＋＋;　　　　　//先将队头指针加 1

x＝sq. data[sq. front];　　//队头元素送 x,再对出队元素 x 做进一步处理

③ 顺序队列中的元素个数:n＝sq. rear－sq. front,如图 3－11 所示的五种情况,队中元素个数均可用队尾指针 sq. rear 和队头指针 sq. front 相减得到。

④ 判队满:当顺序队列中的元素个数 n＝＝MAXLEN 时,队列数组 data 中没有空余单元可供进队元素存放,此时队列已满。

⑤ 判队空:由图 3－11 可见,队头指针 sq. front 始终指向队头元素的前一个位置,队尾指针 sq. rear 始终指向队尾元素。由于队头指针 sq. front 和队尾指针 sq. rear 的初值均为－1,每进队一个元素时 sq. rear＋＋,每出队一个元素时 sq. front＋＋,因此当 sq. front 和 sq. rear 相等(即队头指针和队尾指针指向同一个单元)时,队列为空。

请大家思考:若队头指针 sq. front 和队尾指针 sq. rear 的初值均为 0 时,以上各个操作在实现细节上将会有什么改变?

设队列长度 MAXLEN＝10,则顺序队列的操作如图 3－11 所示。

从图 3－11 中可以看到,随着进队、出队操作的进行,队列中的元素会整体向上移动,这样就出现了图 3－11(d)所示的现象——队尾指针虽然已经移

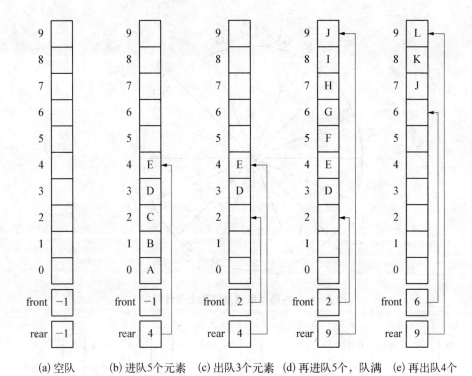

(a) 空队　　(b) 进队5个元素　(c) 出队3个元素　(d) 再进队5个，队满　(e) 再出队4个

图 3-11　顺序队列操作示意图

到了最上面，而队列却未真满，此时可以如图 3-11(e)所示继续出队，但是却不能直接进队。

　　这种"假溢出"现象使得队列的空间没有得到有效利用。可以考虑的解决的方法是：将当前队列中的所有数据整体往下移动，让剩余的空单元留在队尾，这样新的数据元素就可以继续进队。

　　(2) 循环顺序队列

　　当数据进队出队频繁时，按上述顺序队列的实现方式，将要做大量的数据移动操作，这无疑会影响队列的效率。为了解决上述队列的"假溢出"现象，一个更有效的方法是将队列的数据区 data[0,1,2,…,MAXLEN-1]从逻辑上看成是首尾相连的环，即将 data[0]单元与 data[MAXLEN-1]单元从逻辑上连接起来，形成一个环形表，这就形成了循环顺序队列，如图 3-12 所示。

　　循环顺序队列的操作过程如图 3-13 所示。

　　循环顺序队列的类型定义可以用 C 语言描述如下：

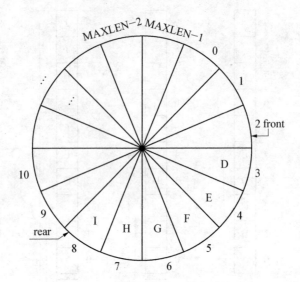

图 3‑12　将顺序队列从逻辑上看作环状

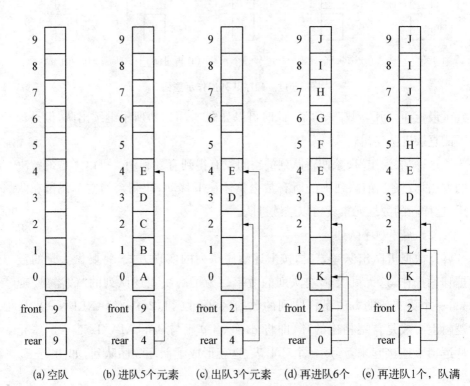

(a) 空队　　(b) 进队5个元素　　(c) 出队3个元素　　(d) 再进队6个　　(e) 再进队1个，队满

图 3‑13　循环顺序队列操作示意图

```
#define MAXLEN 100            //假定队列有 100 个存储单元
typedef char DataType;        //假定队中元素的数据类型为字符
typedef struct
    { DataType data[MAXLEN];  //定义存放队列元素的数组
      int front, rear;        //定义队头和队尾指针
    } CycleSeqQueue;
```

假设循环顺序队列 csq 的定义形式为：CycleSeqQueue csq;和前述非循环的顺序队列 sq 相比,应特别注意如下几个方面。

注意：

① 循环顺序队列的队头和队尾指针的初值一般相同(为 MAXLEN−1 或者 0),第一个进队的元素一般存入 0 号单元,随着进队和出队操作的进行,队头和队尾指针会不断增加。因为队列为环状,所以当队头和队尾指针指示到 MAXLEN−1 号单元之后,下一个指向的单元应该为 0,因此,队头指针的自增操作一般修改为 csq. front=(csq. front+1)%MAXLEN,队尾指针的自增操作一般修改为 csq. rear=(csq. rear+1)%MAXLEN。

② 循环顺序队列中的元素个数：队头和队尾指针的初值相同,并且每进队一个元素,队尾指针加 1,每出队一个元素,队头指针加 1。但是由于队列被构造为环状,队尾指针有可能会回头追赶队头指针,此时 csq. rear−csq. front 的值为负。因此,队列中的元素个数应为(csq. rear − csq. front + MAXLEN)%MAXLEN。

③ 循环顺序队列为空的条件：当队列中的元素个数为零时,即队头和队尾指针相等(指向同一个单元)时,表示队列为空。因此队列为空的条件是 csq. rear==csq. front。

④ 循环顺序队列为满的条件：当队列中已有 MAXLEN−1 个元素时,若再进队一个元素,则会有 csq. rear==csq. front,但是此等式成立已用作判断队列为空的条件了,若是将队列的 MAXLEN 个单元全部用完,就会出现队空和队满状态无法区分的情况。因此,当循环顺序队列中已有 MAXLEN−1 个元素时,应将其视为已满,也就是说,我们往往会牺牲一个队列单元,以此来区分队列为空或为满。因此,队列为满的条件为(csq. rear+1)%MAXLEN==csq. front。

⑤ 循环顺序队列中最多能够存储的元素个数：若循环顺序队列中的元素

用长度为 MAXLEN 的数组存放,由 ⑤ 分析可知,其中最多只能存放 MAXLEN−1 个元素。当然,若在 CycleSeqQueue 的类型定义中再多添加一个成员变量 num,专门用于记录当前队列中的元素个数,将无须利用 csq.rear 和 csq.front 的相对位置来判断队列为空或为满了(num 为零时队列为空,num 为 MAXLEN 时队列为满),此时队列中最多能够存储的元素个数为 MAXLEN。

这种将线性结构首尾相连从逻辑上构成环状的做法,在其他地方也有运用。比如时钟的盘面,随着时钟指针的移动,超过 12 点之后指针又将重新回到 1 点。再比如计算机中整数的补码编码,若对有符号整数的编码不断加 1,当在数轴上达到能够表示的最大正整数时,再增加 1,就会得到负半轴上能够表示的最小负整数对应的编码。也就是说,采用补码方式表示整数时,最大正整数的编码和最小负整数的编码在逻辑上是相邻的。

由于顺序队列的实现形式一般都是从逻辑上构造为环状的,如无特别说明,一般情况下都直接将循环顺序队列简称为顺序队列。

2. 循环顺序队列的基本操作

① 进队操作

进队前,首先判断顺序队列的数组空间是否已满。若数组空间已满,则提示队满,当前元素无法进队;若数组空间未满,则先移动队尾指针 rear,即先将队尾指针 rear 加 1,然后再将进队元素存入 rear 所指的单元。

进队函数 inQueue()实现如下:

/* 将元素 x 进到 pcsq 所指的队列中。如果进队成功,则队列内容会被改变,因此将队列参数设置为指针形式。*/

```
int inQueue(CycleSeqQueue * pcsq, DataType x)
{
    //如果队中元素个数少于 MAXLEN−1,则说明队列未满,可以直接进队
    if((pcsq->rear − pcsq->front + MAX)%MAX ! = MAX−1)
    {
        pcsq->rear = (pcsq->rear+1)%MAXLEN;
                                    //先让 pcsq->rear 自增
        pcsq->data[pcsq->rear] = x;       //再将元素 x 进队
```

```
        return 1;                        //进队成功,返回 1
    }
    else
        return 0;            //如果数组中已满,进队失败,则返回 0
}
```

② 出队操作

出队前,首先判断队列是否为空。若队列为空,则提示队空,没有元素可以出队;若队列不为空,则先移动队头指针 front,然后再将队头元素赋值给保存出队元素的单元。

出队函数 outQueue() 实现如下:

/* 将队头元素出队到 px 所指的单元,并返回出队成功的标志。由于队列内容和保存出队元素的单元都有可能被改变,因此两个参数均需用指针形式。*/

```
int outQueue (CycleSeqQueue * pcsq, DataType * px)
{
    if(pcsq->front ! = pcsq->rear)   //队列不为空,有元素可以出队
    {
        pcsq->front = (pcsq->front+1)%MAXLEN;
                                 //队头指针先自增
        //再将队头元素赋值给保存出队元素的单元
        * px = pcsq->data[pcsq->front];
        return 1;                //返回出队成功的标志
    }
    else
        return 0;                        //队列为空,返回出队失败的
                                         标志
}
```

③ 其他操作

由于初始化队列,判断队空,判断队满,读取队头和队尾元素等功能比较简单,因此这些功能可以不用函数的形式来实现。但是如果从队列操作的规范性考虑,还是应该将这些功能都独立实现,一方面需要的时候可以直接调

用,另一方面也可以避免使用这些功能时出错。

```c
//初始化队列,因为需要改变队头和队尾指针,所以参数需用指针形式
void initSeqQueue(CycleSeqQueue * pcsq)
{
    //设置队头和队尾指针均为 MAXLEN-1
    pcsq->rear = pcsq->front = MAXLEN-1;
}
//判断顺序队列是否为空
int isEmptyQueue(CycleSeqQueue csq)
{
    if(csq. rear == csq. front)      //若队列为空,则返回 1
        return 1;
    else                             //若队列不为空,则返回 0
        return 0;
}

//判断顺序队列是否已满
int isFullQueue(CycleSeqQueue csq)
{
    if((csq. rear+1)%MAXLEN == csq. front)    //若队列已满,则返回 1
        return 1;
    else                                     //若队列未满,则返回 0
      return 0;
}
//获取顺序队列的队头和队尾元素(队列内容不会有任何改变)
int getFrontRearElem (CycleSeqQueue csq, DataType  * pf, DataType  * pr)
{
    if (isEmptyQueue(csq))              //如果顺序队列为空
    {
        printf("队列为空,无队头和队尾元素! \n");
        return 0;                        //获取队头和队尾元素失败,返回 0
    }
```

　　　　* pf = csq. data[csq. front]；　　//将队头元素赋给 pf 指向的单元

　　　　* pr = csq. data[csq. rear]；　　 //将队尾元素赋给 pr 指向的单元

　　　　return 1；　　　　　　　　　　　 //获取队头和队尾元素成功,返回 1

　　}

3.2.3　队列的链式存储和基本操作

1. 链队列的结构

　　队列的链式存储结构称为链队列,实际上它是一个带有头指针(front)和尾指针(rear)的单向链表,该单链表一般没有头结点。链队列的头指针 front 和尾指针 rear 是两个独立的指针变量,由于它们分别指向同一个单链表中的首尾结点,从链队列的整体结构考虑,一般将这两个指针封装在一个结构体中。链队列的一般结构如图 3-14 所示。

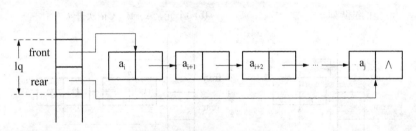

图 3-14　链队列的一般结构

　　如果将链队列的单向链表构造成环状,则可以只给链队列设置一个队尾指针 rear 即可,此时链队列的队头指针为 clq. rear->next,如图 3-15 所示。

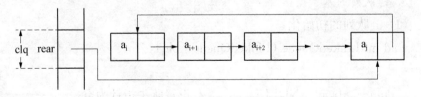

图 3-15　链队列的环状结构

2. 链队列的类型定义

typedef struct qNode

{

　　DataType data；　　　　　　 //DataType 为链队列中元素的类型

```
    struct qNode * next;
}QueueNode;                        //链队列结点的类型为 QueueNode
typedef struct
{
    QueueNode * front, * rear;     //队头队尾指针的定义
}LinkedQueue;                      //链队列的类型为 LinkedQueue
```

链队列元素的进队和出队过程如图 3-16 所示。

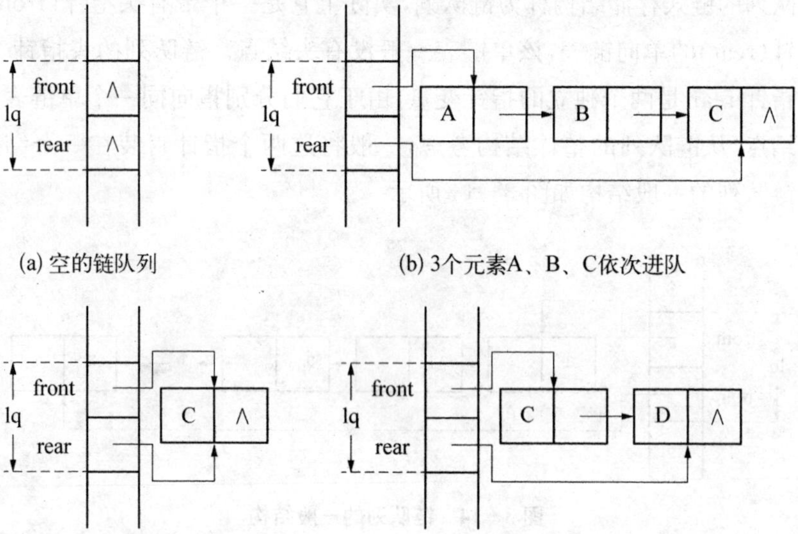

(a) 空的链队列   (b) 3个元素A、B、C依次进队

(c) 2个元素A、B依次出队   (d) 元素D进队

图 3-16 链队列元素的进队和出队操作示意图

3. 链队列的基本操作

(1) 链队列的初始化

```
void initLinkedQueue (LinkedQueue * plq)
{
    plq->front=NULL;              //设置队头指针为空
    plq->rear=NULL;               //设置队尾指针为空
}
```

(2) 进队操作

```
void inQueue (LinkedQueue * plq, DataType x)    //将元素 x 进队
{
```

```
QueueNode * p;
p = (QueueNode * )malloc(sizeof(QueueNode));
                                    //开辟一个结点空间
p->data = x;                        //构造新结点
p->next = NULL;
if(NULL ==plq->front)    //如果原队列为空(第一个结点进队)
{
    plq->front = p;          //p 所指的新结点既是队头
    plq->rear = p;           //也是队尾
}
else                          //如果原队列不为空
{
    plq->rear->next=p;  //p 所指的新结点链到队尾之后
    plq->rear = p;           //p 所指的新结点成为新的队尾
}
}
```

（3）出队操作

```
//从 plq 所指队列中出队一个元素到 px 所指单元
int outQueue(LinkedQueue * plq, DataType  * px)
{
    QueueNode * p=plq->front;    //定义指针变量 p 指向队头元素
    if(NULL==plq->front)          //若队列为空,无元素出队,返回 0
        return 0;
    else                          //若队列不为空
    {
        plq->front = p->next;    //队头指针指向队头元素后面的结点
        if (NULL == plq->front)  //若出队的是队列中的最后一个结点
            plq->rear=NULL;       //则同时将队尾置空
        x = p->data;             //出队元素赋值给 px 指向的单元
        free(p);                  //回收出队元素结点的空间
        return 1;                 //出队成功,返回 1
```

```
        }
    }
```

（4）获取队头和队尾元素

```
int getFrontRear (LinkedQueue lq, DataType * pf, DataType * pr)
{
    if(NULL==lq. front)              //若队列为空,则返回 0
        return 0;
    else                             //否则,队列不为空
    {
        * pf=lq. front->data;        //队头元素赋值给 pf 所指的单元
        * pr=lq. rear->data;         //队尾元素赋值给 pr 所指的单元
        return 1;                    //成功读得队头和队尾元素,返回 1
    }
}
```

（5）假设队列中的元素值为字符型,输出队列中的所有元素

```
void showQueue (LinkedQueue lq)
{
    QueueNode * p=lq. front;
    if(NULL==lq. front)              //若队列为空,则输出提示
        printf("队列为空!");
    else                             //否则,从队头开始逐个输出
        while(p)
        {   printf(p->data);         //输出当前结点值
            p=p->next;               //指针 p 后移
        }
}
```

3.2.4 队列的应用举例

在现实生活中,队列的运用随处可见。比如到食堂排队买饭,到医院排队就医,到银行排队取款等,排在队头的人处理完后从队头走掉(从队列中删除,出队),而后来的人则必须排在队尾等待(向队列中插入,进队)。为什么会造

成排队的情况呢？这是因为提供服务的速度无法满足请求服务的需求，为了不造成次序的混乱，而采取的一种先来先服务的办法。

数据结构中队列的应用主要集中在后续的树形和图形结构章节，比如二叉树的层次遍历，图的拓扑排序，图的广度优先遍历等都需要用到队列。因此，队列的具体应用将在后续章节中详细介绍，本小节关于队列的应用举例更侧重于队列应用场景的描述。

1. 队列在输出管理中的应用

在计算机进行数据输出时，由于外部设备的速度往往远低于 CPU 处理数据的速度，此时可以设定一个"输出缓冲区"进行缓冲。比如：当向打印机连续提交多个打印任务时（多个打印请求可能来源于一台计算机，也可能来源于网络上的多台计算机），由于打印机的打印动作较慢，为了防止冲突和打印次序混乱，操作系统会创建一个打印队列，收到打印请求后就把相应的打印任务进队，按先进先出的原则依次处理各个打印任务。这样经过打印队列的缓冲，就能保证打印机不致发生混乱或数据丢失。

2. 售票或服务窗口的排队叫号

去银行办理业务时，一般来说，都要先到排队机上取号（进队），排队机打印给顾客的标签上一般会有排队编号，取号时间（顾客到达时间），需等待的人数（当前队列中的人数）等信息。显然，最近刚取号的顾客一般都会被排到队尾，正在银行窗口办理业务的顾客则是队首，银行的叫号系统则会按从队首向队尾的顺序依次对各个顾客进行叫号。当银行窗口为排在队首的顾客服务完时，队首顾客将离开银行（出队），此时工作人员会触动叫号按钮，叫号系统就会按序呼叫下一位顾客前来接受服务，此时被呼叫的顾客就成为新的队首。

这种通过计算机信息系统进行排队叫号的机制不仅仅用在银行，到医院排队看病，到一些饭店排队就餐，到很多服务部门办事，往往都要先取号排队，生活中大家也习惯了按"先来先服务"的原则来接受服务。当然，如果服务窗口越多，则顾客的排队时间就会越短，顾客排队等待方面的满意度就会提升，但是开设更多的服务窗口，则意味着需要雇佣更多的员工，需要支付更高的服务成本。因此，很多时候我们都需要根据服务对象的数量，结合服务成本等因素，综合考虑之后来确定服务窗口的数量，以便将队列的长度控制在合理的范围之内。

3. 操作系统中的就绪队列

在计算机中构造多任务系统时,一般不太可能给每个执行任务都分配一个独立的CPU,计算机系统为了解决"同时"执行多个任务时CPU时间的分配问题,对于多个请求执行的进程,操作系统往往会通过一个就绪队列来进行管理。就绪队列的含义是:此队列中的进程已经全部准备就绪,只要获得CPU它们就可以得到执行。

当某个进程准备好可以运行时,它就会被插入到就绪队列的队尾处。如果此时就绪队列为空,CPU就立即执行该进程;如果此时就绪队列非空,则该进程就需要排在队尾等待。CPU总是先执行排在队首的进程,当给队首进程分配的执行时间片段用完了,进程调度程序就会将队首进程移动到队尾等待,CPU转去执行排在队首的下一个进程。

可见,所有就绪进程在就绪队列中是通过排队轮流得到执行的。若遇到进程任务执行结束,或者进程无法继续执行的情况,该进程就会从就绪队列中删除(可能会被插入到其他队列,如阻塞队列中)。若就绪进程中没有用户进程需要执行了,CPU就会转去执行一个名为Idle的空闲进程。

需要注意的是:虽然就绪进程进入就绪队列后,是按"先来先服务"的原则被调度执行的,但是因为各个进程任务的长短不同,所以它们不一定是"先进先出"的;并且有些进程在执行过程中可能会被多次阻塞,因此有些进程可能还会多次进出就绪队列。

4. 优先队列

上述队列中,除了就绪队列之外,其他队列都是"先进先出"的数据结构,也就是说先进队的元素总是先出队。但在实际应用中,有时需要根据元素的重要性或紧迫程度来决定哪些元素应该被优先选择或出队,此时必须对这种"先进先出"的规则进行适当修改。

优先队列的一个典型应用就是银行对顾客提供的服务次序。针对一般顾客,银行是根据"先来先服务"原则为其办理业务的,但是一旦有VIP顾客前来办理业务,排队系统就会自动为其插队,在当前顾客办理完业务后,银行窗口会优先对VIP客户提供服务,以便大幅减少VIP顾客的排队等待时间。

又比如,操作系统为了提升对紧急进程的响应速度,一般会对每个进程设置一个表示进程优先程度的权重数据项。调度程序选择进程取得或进入CPU

时,将会优先选择优先级高的进程来调度执行,只有在优先级相同的情况下,先进队列的进程才会被优先调度。

实现优先队列的方法主要有如下两种:

① 进队时按权值大小进行插入,使整个队列始终保持按优先级次序排列的状态,而出队操作则和普通队列一样,每次删除队首元素。

② 进队操作和普通队列一样,只在队尾进行插入,而出队操作根据元素的优先级来进行,即每次删除优先级最高的元素。

限于篇幅,有关优先队列具体算法的实现,在此不作介绍。

本 章 小 结

1. 堆栈和队列都是操作受限的线性表。堆栈只能在栈顶进行插入和删除;而队列只能在队尾进行插入,只能在队头进行删除。

2. 堆栈和队列的逻辑结构和线性表相同,数据元素之间也仍是一对一的线性关系。堆栈的主要特点是"后进先出",队列的主要特点是"先进先出"。

3. 按存储结构的不同,堆栈可分为顺序栈和链栈,队列可分为顺序队列和链队列。为了处理方便和提高效率,顺序队列一般会从逻辑上构造成循环队列,而链队列、顺序栈和链栈则无此必要。

4. 需要重点掌握基于顺序栈和链栈的进栈、出栈、读取栈顶元素、判栈空和判栈满等基本操作,以及基于顺序队列和链队列的进队、出队、判队空、判队满、求队中元素个数、读取队头和队尾元素等基本操作。

5. 熟悉堆栈和队列在软件设计中的各种应用,能灵活应用堆栈和队列的基本原理解决一些综合问题,能根据实际问题的需要对经典的堆栈和队列进行适当变形。

本 章 习 题

1. 名词解释

　　(1) 栈

　　(2) 顺序队列

　　(3) 循环队列

2. 填空题

(1) 后缀表达式 9 2 3 ＋ － 10 2 ／ －的值为＿＿＿＿＿。中缀表达式(3＋4 * X)－2 * Y/3 对应的后缀表达式为＿＿＿＿＿＿＿＿＿＿＿。

(2) 不论是顺序栈还是链栈,其入栈和出栈操作的时间复杂度均为＿＿＿＿＿＿＿＿。

(3) 设有一个顺序循环队列中有 M 个存储单元,则该循环队列中最多能够存储＿＿＿＿个队列元素;当前实际存储＿＿＿＿＿＿个队列元素(设头指针 F 指向当前队头元素的前一个位置,尾指针指向当前队尾元素的位置)。

(4) 设有一个顺序循环队列中有 M 个存储单元,F 和 R 分别表示循环顺序队列的头指针和尾指针,则判断该循环队列为空的条件为＿＿＿＿＿＿＿＿,为满的条件为＿＿＿＿＿＿＿。

(5) 有一个顺序共享栈 S[0..n－1],其中第一个栈项指针 top1 的初值为－1,第二个栈顶指针 top2 的初值为 n,则判断共享栈满的条件是＿＿＿＿＿＿＿。

(6) 栈的插入和删除只能在栈顶进行,后进栈的元素必定先出栈,所以又把栈称为＿＿＿＿表;队列的插入和删除操作分别在队列的两端进行,先进队列的元素必定先出队列,所以又把队列称为＿＿＿＿表。

(7) 一个栈的输入序列是:1,2,3 则不可能的栈输出序列是＿＿＿＿。

(8) 循环队列用数组 A[0..m－1]存放其元素值,已知其头尾指针分别是 front 和 rear,则当前队列的元素个数是＿＿＿＿。

(9) 以下运算实现在链栈上的进栈,请在＿＿＿＿处用适当句子予以填充。
Void Push(LStackTp * ls,DataType x)
{　LstackTp * p;
　　p＝malloc(sizeof(LstackTp));
　　＿＿＿＿＿＿＿;
　　p－>next＝ls;
　　＿＿＿＿＿＿＿;
}

(10) 以下运算实现在链队上的入队列,请在＿＿＿＿处用适当句子予以填充。

```
Void EnQueue(QueptrTp * lq,DataType x)
{    LqueueTp * p;
     p=(LqueueTp * )malloc(sizeof(LqueueTp));
     _____=x;
     p—>next=NULL;
     (lq—>rear)—>next=_____;
     _____;

}
```

3. 单项选择题

(1) 栈和队列的共同特点是(　　)。

　　A. 只允许在端点处插入和删除元素　　B. 都是先进后出

　　C. 都是先进先出　　　　　　　　　　D. 没有共同点

(2) 用链接方式存储的队列,在进行插入运算时(　　)。

　　A. 仅修改头指针　　　　　　　　　　B. 头、尾指针都要修改

　　C. 仅修改尾指针　　　　　　　　　　D. 头、尾指针可能都要修改

(3) 设指针变量 top 指向当前链栈的栈顶,则删除栈顶元素的操作序列为
(　　)。

　　A. top=top+1;　　　　　　　　　　B. top=top−1;

　　C. top—>next=top;　　　　　　　　D. top=top—>next;

(4) 假设用链表作为栈的存储结构,则出栈操作(　　)。

　　A. 必须判别栈是否为满　　　　　　　B. 必须判别栈是否为空

　　C. 判别栈元素的类型　　　　　　　　D. 对栈不作任何判别

(5) 设输入序列为 1,2,3,4,5,6,则通过栈的作用后可以得到的输出序列
为(　　)。

　　A. 5,3,4,6,1,2　　　　　　　　　　B. 3,2,5,6,4,1

　　C. 3,1,2,5,4,6　　　　　　　　　　D. 1,5,4,6,2,3

(6) 若栈采用顺序存储方式存储,现两栈共享空间 V[1..m],top[i]代表第
i 个栈(i=1,2)栈顶,栈 1 的底在 V[1],栈 2 的底在 V[m],则栈满的条
件是(　　)。

　　A. |top[2]−top[1]|=0　　　　　　　B. top[1]+1=top[2]

　　C. top[1]+top[2]=m　　　　　　　　D. top[1]=top[2]

(7) 若已知一个栈的进栈序列是 1,2,3,…,n,其输出序列为 p1,p2,p3,…,pn,若 p1=3,则 p2 为(　　)。

    A. 可能是 2　　B. 一定是 2　　　C. 可能是 1　　　D. 一定是 1

(8) 队列是一种(　　)的线性表。

    A. 先进先出　　B. 先进后出　　　C. 只能插入　　　D. 只能删除

(9) 设输入序列 1,2,3,…,n 经过栈作用后,输出序列中的第一个元素是 n,则输出序列中的第 i 个输出元素是(　　)。

    A. n-i　　　　B. n-1-i　　　C. n+1-i　　　D. 不能确定

(10) 设指针变量 front 表示链队列的队头指针,指针变量 rear 表示链队列的队尾指针,指针变量 s 指向将要进队的结点 X,则进队的操作序列为(　　)。

    A. front->next=s;　front=s;　　B. s->next=rear;　rear=s;

    C. rear->next=s;　rear=s;　　D. s->next=front;　front=s;

(11) 设顺序循环队列 Q[0:M-1] 的头指针和尾指针分别为 F 和 R,头指针 F 总是指向队头元素的前一位置,尾指针 R 总是指向队尾元素的当前位置,则该循环队列中的元素个数为(　　)。

    A. R-F　　　　　　　　　　B. F-R

    C. (R-F+M)%M　　　　　　D. (F-R+M)%M

(12) 栈和队列的共同点是(　　)。

    A. 都是先进先出　　　　　　B. 都是先进后出

    C. 只允许在端点处插入和删除元素　D. 没有共同点

(13) 循环队列的队满条件为(　　)。

    A. (sq. rear+1)% maxsize ==(sq. front+1)% maxsize

    B. (sq. front+1)% maxsize ==sq. rear

    C. (sq. rear+1)% maxsize ==sq. front

    D. sq. rear ==sq. front

(14) 递归过程或函数调用时,处理参数及返回地址,要用一种称为(　　)的数据结构。

    A. 队列　　　B. 多维数组　　　C. 栈　　　　　D. 线性表

(15) 设 C 语言数组 Data[m+1] 作为循环队列 SQ 的存储空间,front 为队头指针,rear 为队尾指针,则执行出队操作的语句为(　　)。

A. front＝front＋1　　　　　　　B. front＝(front＋1)％m

C. rear＝(rear＋1)％(m＋1)　　D. front＝(front＋1)％(m＋1)

4. 应用题

(1) 给出栈的两种存储结构形式名称,在这两种栈的存储结构中如何判别栈空与栈满?

(2) 画出对算术表达式 A－B＊C/D－E↑F 求值时操作数栈和运算符栈的变化过程。

(3) 将两个栈存入数组 V[1..m]应如何安排最好? 这时栈空、栈满的条件是什么?

(4) 怎样判定循环队列的空和满?

5. 算法设计题

(1) 使用栈,将给定的十进制数转换为对应的十六进制形式并返回,要求用伪代码或程序语言描述该算法。

(2) 设表达式以字符形式已存入数组 E[n]中,'♯'为表达式的结束符,试写出判断表达式中括号('('和')')是否配对的 C 语言描述算法。(注:算法中可调用栈操作的基本算法。)

(3) 设有两个栈 S1,S2 都采用顺序栈方式,并且共享一个存储区[0.. maxsize－1],为了尽量利用空间,减少溢出的可能,可采用栈顶相向,迎面增长的存储方式。试设计 S1,S2 有关入栈和出栈的操作算法。

(4) 用一个循环数组 Q[0..MAXLEN－1]表示队列时,该队列只有一个头指针 front,不设尾指针,而改置一个计数器 count 用以记录队列中结点的个数。试编写一个能实现初始化队列、判断队空、读队头元素、入队和出队操作的算法。

(5) 一个用单链表组成的循环队列,只设一个尾指针 rear,不设头指针,请编写如下算法:

① 向循环队列中插入一个元素为 x 的结点;

② 从循环队列中删除一个结点。

第 4 章　数组、串和广义表

数组、串和广义表可以看作是线性表的推广，其特点是线性表中的数据元素仍然是一个表。本章讨论多维数组的逻辑结构和存储结构、特殊矩阵、矩阵的压缩存储、串、广义表的逻辑结构和存储结构等。

4.1　数组的基本概念

4.1.1　数组的定义

数组是计算机程序设计语言中常见的一种类型，几乎所有的高级程序设计语言中都有数组类型。

数组是 $n(n>0)$ 个相同类型变量 $a_1, a_2, \cdots, a_n$ 构成的有限序列。若其中每个变量本身是一维数组，则构成二维数组。类似地，若每个变量本身为 $(n-1)$ 维数组，则构成 n 维数组，即 $A(a_1, a_2, a_3, \cdots, a_n)$

由于该有限序列存储在一块地址连续的内存单元中，数组的定义类似于采用顺序存储结构的线性表。例如 $A(a_1, a_2, a_3, \cdots, a_n)$ 是一个一维数组，其中有 n 个元素。在数组中，每个元素对应于一个下标用来标识该元素，如一维数组的第一元素 a_1 的下标为 1。

图 4-1 中是二维数组示意图，其中共有 $m*n$ 个元素，分布于 m 行、n 列中，每个元素属于其中的某一行、某一列。如将其中的每行当作一个元素，则此二维数组可看成是有 m 个元素组成的一维数组。与一维数组类似，在二维数组中，每个元素对应于两个方向的下标以标识该元素。例如图 4-1 中二维数组的第二行第四列 a_{24} 的下标是两个，分别是 2 和 4。

$$A = \begin{bmatrix} a_{11} & a_{12} & a_{13} & \cdots & a_{1n} \\ a_{21} & a_{22} & a_{23} & \cdots & a_{2n} \\ a_{31} & a_{32} & a_{33} & \cdots & a_{3n} \\ \cdots & \cdots & \cdots & \cdots & \cdots \\ a_{m1} & a_{m2} & a_{m3} & \cdots & a_{mn} \end{bmatrix}$$

图 4 - 1　二维数组示意图

类似地,在 n 维数组中,每个元素对应 n 个方向的下标以标识该元素。

由于一维数组的线性关系,一维数组中的每个元素最多有一个直接前驱和一个直接后继。而在二维数组中,每个元素分别属于两个向量(即行向量和列向量),因此,每个元素最多有两个直接前驱和两个直接后继。类似地,在 n 维数组中,每个元素最多有 n 个直接前驱和直接后继。

对数组的运算,通常有以下两个:

① 给定一组下标,直接存取相应的数组元素;

② 给定一组下标,修改相应的元素值。

由于这两个运算在计算机内部实现时都需要计算出该元素的实际存储地址,因此计算数组元素地址成为数组中最基本的运算,在采用特定的存储结构存储数组时,需要实现元素地址的计算。

4.1.2　数组的存储结构

通常,数组在内存被映象为向量,即用向量作为数组的一种存储结构,这是因为内存的地址空间是一维的,数组的行列固定后,通过一个映象函数,则可根据数组元素的下标得到它的存储地址。

对于一维数组按下标顺序分配即可。

对多维数组分配时,要把它的元素映象存储在一维存储器中,一般有两种存储方式:一是以行序为主序(或先行后列 row major order)的顺序存放,如 PASCAL、C 语言、VB 等程序设计语言中用的是以行为主的顺序分配,即一行分配完了接着分配下一行。另一种是以列序为主序(先列后行 column major order)的顺序存放,如 FORTRAN 语言中,用的是以列为主序的分配顺序,即一列一列地分配。以行为主序的分配规律是:最右边的下标先变化,即最右下标从小到大,循环一遍后,右边第二个下标再变,…,从右向左,最后是左下标。以列为主序分配的规律恰好相反：最左边的下标先变化，即最左下标从小到大，循环一遍后，左边第二个下标再变，…，从左向右，最后是右下标。

例如一个 2×3 二维数组，逻辑结构可以用图 4-2 表示。以行为主序的内存映象如图 4-3(a)所示。分配顺序为：a_{11}，a_{12}，a_{13}，a_{21}，a_{22}，a_{23}；以列为主序的分配顺序为：a_{11}，a_{21}，a_{12}，a_{22}，a_{13}，a_{23}；它的内存映象如图 4-3(b)所示。

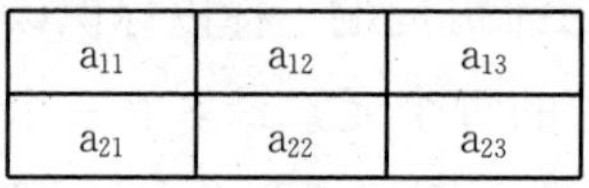

a_{11}	a_{12}	a_{13}
a_{21}	a_{22}	a_{23}

a_{11}	a_{11}
a_{12}	a_{21}
a_{13}	a_{12}
a_{21}	a_{22}
a_{22}	a_{13}
a_{23}	a_{23}

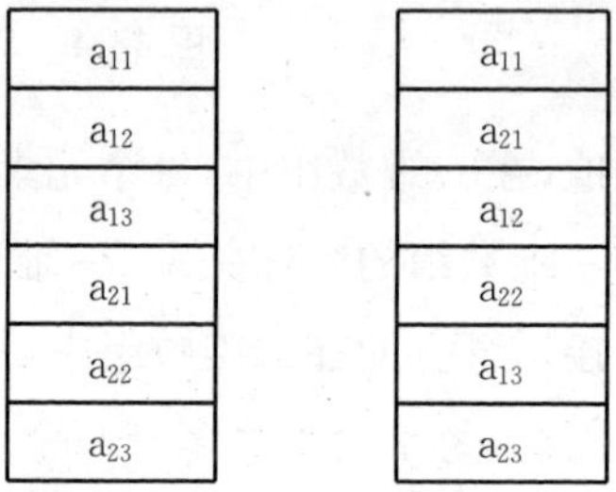

(a) 以行为主序　　(b) 以列为主序

图 4-2　2×3 数组的逻辑状态　　图 4-3　2×3 数组的物理状态

数组的存储结构，在一维数组中，一旦 a_1 的存储地址 $LOC(a_1)$ 确定，并假设每个数据元素占用 k 个存储单元，则任一数据元素 a_i 的存储地址 $LOC(a_i)$ 就可由以下公式求出：

$$LOC(a_i) = LOC(a_1) + (i-1) * k \quad (0 \leqslant i \leqslant n)$$

上式说明，一维数组中任一数据元素的存储地址可直接计算得到，即一维数组中任一数据元素可直接存取。

4.1.3　数组的顺序存储表示

设有 m×n 二维数组 A_{mn}，下面我们看按元素的下标求其地址的计算：

以"以行为主序"的分配为例：设数组的基址为 $LOC(a_{11})$，每个数组元素占据 1 个地址单元，那么 a_{ij} 的物理地址可用一线性寻址函数计算：

$$LOC(a_{ij}) = LOC(a_{11}) + ((i-1) * n + j - 1) * 1$$

这是因为数组元素 a_{ij} 的前面有 i-1 行，每一行的元素个数为 n，在第 i 行中它的前面还有 j-1 个数组元素。

在 C 语言中，数组中每一维的下界定义为 0，则：

$$LOC(a_{ij}) = LOC(a_{00}) + (i * n + j) * 1$$

推广到一般的二维数组：$A[c_1..d_1][c_2..d_2]$，则 a_{ij} 的物理地址计算函数为：

$$LOC(a_{ij}) = LOC(a_{c1\ c2}) + ((i-c_1) * (d_2-c_2+1) + (j-c_2)) * 1$$

同理对于三维数组 A_{mnp}，即 $m \times n \times p$ 数组，对于数组元素 a_{ijk} 其物理地址为：

$$LOC(a_{ijk}) = LOC(a_{111}) + ((i-1) * n * p + (j-1) * p + k - 1) * 1$$

推广到一般的三维数组：$A[c_1..d_1][c_2..d_2][c_3..d_3]$，则 a_{ijk} 的物理地址为：

$$LOC(a_{ijk}) = LOC(a_{c1\ c2\ c3}) + ((i-c_1) * (d_2-c_2+1) * (d_3-c_3+1)$$
$$+ (j-c_2) * (d_3-c_3+1) + (k-c_3)) * 1$$

4.1.4　矩阵的压缩存储

特殊矩阵是指非零元素或零元素的分布有一定规律的矩阵，为了节省存储空间，特别是在高阶矩阵的情况下，可以利用特殊矩阵的规律，对它们进行压缩存储，也就是说，使多个相同的非零元素共享同一个存储单元，对零元素不分配存储空间。对于一个矩阵结构显然用一个二维数组来表示是非常恰当的，常见的一些特殊矩阵，如三角矩阵、对称矩阵、带状矩阵、稀疏矩阵等，从节约存储空间的角度考虑，这种存储是不太合适的。下面从这一角度来考虑这些特殊矩阵的存储方法。

1. 特殊矩阵的压缩存储

（1）对称矩阵压缩存储

若一个 n 阶方阵 $A[n][n]$ 中的元素满足 $a_{i,j}=a_{j,i}(0 \leqslant i, j \leqslant n-1)$，则称其为 n 阶对称矩阵。

由于对称矩阵中的元素关于主对角线对称，因此在存储时可只存储对称矩阵中上三角或下三角中的元素，使得对称的元素共享一个存储空间。这样，就可以将 n^2 个元素压缩存储到 $n \cdot (n+1)/2$ 个元素的空间中。不失一般性，我们以行序为主序存储其下三角（包括对角线）的元素。

对称矩阵的特点是：在一个 n 阶方阵中，有 $a_{ij}=a_{ji}$，其中 $1 \leqslant i, j \leqslant n$，如图 4-4 所示是一个 5 阶对称矩阵。对称矩阵关于主对角线对称，因此只需存储上三角或下三角部分即可,比如,我们只存储下三角中的元素 a_{ij},其特点是 $j \leqslant i$ 且 $1 \leqslant i \leqslant n$,对于上三角中的元素 a_{ij},它和对应的 a_{ji} 相等,因此当访问的元素在上三角时,直接去访问和它对应的下三角元素即可,这样,原来需要 $n*n$ 个存储单元,现在只需要 $n(n+1)/2$ 个存储单元了,节约了 $n(n-1)/2$ 个存储单元,当 n 较大时,这是可观的一部分存储资源。

$$A = \begin{bmatrix} 3 & 6 & 4 & 7 & 8 \\ 6 & 2 & 8 & 4 & 2 \\ 4 & 8 & 1 & 6 & 9 \\ 7 & 4 & 6 & 0 & 5 \\ 8 & 2 & 9 & 5 & 7 \end{bmatrix}$$

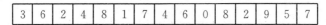

图 4-4 5 阶对称方阵及它的压缩存储

如何只存储下三角部分呢?对下三角部分以行序为主序顺序存储到一个向量中去,在下三角中共有 $n*(n+1)/2$ 个元素,因此,不失一般性,设存储到向量 $SA[n(n+1)/2]$ 中,存储顺序可用图 4-5 示意,这样,原矩阵下三角中的某一个元素 a_{ij} 则具体对应一个 sa_k,下面的问题是要找到 k 与 i、j 之间的关系。

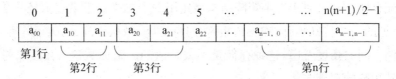

图 4-5 一般对称矩阵的压缩存储

对于下三角中的元素 a_{ij},其特点是:$i \geqslant j$ 且 $0 \leqslant i \leqslant n-1$,存储到 SA 中后,根据存储原则,它前面有 $i-1$ 行,共有 $1+2+\cdots+(i-1)=i*(i-1)/2$ 个元素,而 a_{ij} 又是它所在的行中的第 j 个,所以在上面的排列顺序中,a_{ij} 是第 $i*(i-1)/2+j$ 个元素,因此它在 SA 中的下标 k 与 i、j 的关系为:

$$k = i*(i-1)/2+j-1 \quad (0 \leqslant k < n*(n+1)/2)$$

若 $i < j$,则 a_{ij} 是上三角中的元素,因为 $a_{ij}=a_{ji}$,这样,访问上三角中的元素 a_{ij} 时则去访问和它对应的下三角中的 a_{ji} 即可,因此将上式中的行列下标交换就是上三角中的元素在 SA 中的对应关系:

$$k = j*(j-1)/2+i-1 \quad (0 \leqslant k < n*(n+1)/2)$$

综上所述,对于对称矩阵中的任意元素 a_{ij},若令 $I = \max(i,j)$,$J = \min(i,j)$,则将上面两个式子综合起来得到:$k = I*(I-1)/2+J-1$。

$$k = 大数*(大数-1)/2+小数-1$$

（2）三角矩阵

形如图 4-6 的矩阵称为三角矩阵,其中 c 为某个常数。其中图 4-6(a) 为下三角矩阵:主队角线以上均为同一个常数;图 4-6(b) 为上三角矩阵,主队角线以下均为同一个常数;下面讨论它们的压缩存储方法。

$$
\begin{bmatrix}
3 & c & c & c & c \\
6 & 2 & c & c & c \\
4 & 8 & 1 & c & c \\
7 & 4 & 6 & 0 & c \\
8 & 2 & 9 & 5 & 7
\end{bmatrix}
\qquad
\begin{bmatrix}
3 & 4 & 8 & 1 & 0 \\
c & 2 & 9 & 4 & 6 \\
c & c & 1 & 5 & 7 \\
c & c & c & 0 & 8 \\
c & c & c & c & 7
\end{bmatrix}
$$

（a）下三角矩阵　　　　（b）上三角矩阵

图 4-6　三角矩阵

下三角矩阵:与对称矩阵类似,不同之处在于存完下三角中的元素之后,紧接着存储对角线上方的常量,如图 4-7 所示,因为是同一个常数,所以存一个即可,这样一共存储了 $n*(n+1)/2+1$ 个元素,设存入向量:$SA[n*(n+1)/2+1]$ 中,这种的存储方式可节约 $n*(n-1)/2-1$ 个存储单元,sa_k 与 a_{ji} 的对应关系为:

$$k = \begin{cases} i*(i-1)/2+j-1 & 当\ i \geqslant j \\ n*(n+1)/2-1 & 当\ i < j \end{cases}$$

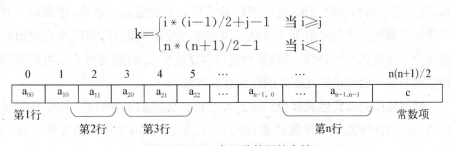

图 4-7　下三角矩阵的压缩存储

上三角矩阵:对于上三角矩阵,存储思想与下三角类似,以行为主序顺序存储上三角部分,最后存储对角线下方的常量,如图 4-8 所示。对于第 1 行,存储 n 个元素,第 2 行存储 n−1 个元素,⋯,第 p 行存储(n−p+1)个元素,a_{ij}

的前面有 i−1 行，共存储以下元素：

$$n+(n-1)+\cdots+(n-i+1)=\sum_{p=1}^{i-1}(n-p)+1=(i-1)$$
$$*(2n-i+2)/2 \qquad (4-1)$$

元素 a_{ij} 是它所在的行中要存储的第 $(j-i+1)$ 个；所以，它是上三角存储顺序中的第 $(i-1)*(2n-i+2)/2+(j-i+1)$ 个，因此它在 SA 中的下标为：$k=(i-1)*(2n-i+2)/2+j-i$。

综上，sa_k 与 a_{ji} 的对应关系为：

$$k=\begin{cases}(i-1)*(2n-i+2)/2+j-i & \text{当 } i\leq j \\ n*(n+1)/2 & \text{当 } i>j\end{cases}$$

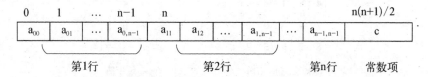

图 4-8　上三角矩阵的压缩存储

2. 稀疏矩阵的压缩存储

设 m * n 矩阵中有 t 个非零元素且 t≪m * n，这样的矩阵称为稀疏矩阵。很多科学管理及工程计算中，常会遇到阶数很高的大型稀疏矩阵。如果按常规分配方法，顺序分配在计算机内，那将是相当浪费内存的。为此提出另外一种存储方法，仅仅存放非零元素。但对于这类矩阵，通常零元素分布没有规律，为了能找到相应的元素，所以仅存储非零元素的值是不够的，还要记下它所在的行和列。于是采取如下方法：将非零元素所在的行、列以及它的值构成一个三元组 (i,j,v)，然后再按某种规律存储这些三元组，这种方法可以节约存储空间。下面讨论稀疏矩阵的压缩存储方法。

稀疏矩阵的三元组表存储：将三元组按行优先的顺序，同一行中列号从小到大的规律排列成一个线性表，称为三元组表，采用顺序存储方法存储该表。如图 4-9 稀疏矩阵对应的三元组表为图 4-10。

显然，要唯一的表示一个稀疏矩阵，还需要在存储三元组表的同时存储该矩阵的行、列，为了运算方便，矩阵的非零元素的个数也同时存储。这种存储的思想实现如下算法：

define SMAX　　1024　　/ *一个足够大的数 * /

typedef　struct

　{ 　int i,j；　/ *非零元素的行、列 * /

　　　datatype　v；　　/ *非零元素值 * /

　}SPNode；/ *三元组类型 * /

typedef　struct

　{ 　int mu,nu,tu；　　/ *矩阵的行、列及非零元素的个数 * /

　　SPNode　data[SMAX]；/ *三元组表 * /

　} SPMatrix；/ *三元组表的存储类型 * /

这样的存储方法确实节约了存储空间,但矩阵的运算从算法上可能变得复杂些。

$$A=\begin{pmatrix} 15 & 0 & 0 & 22 & 0 & -15 \\ 0 & 11 & 3 & 0 & 0 & 0 \\ 0 & 0 & 0 & 6 & 0 & 0 \\ 0 & 0 & 0 & 0 & 0 & 0 \\ 91 & 0 & 0 & 0 & 0 & 0 \\ 0 & 0 & 0 & 0 & 0 & 0 \end{pmatrix}$$

	i	j	v
1	1	1	15
2	1	4	22
3	1	6	−15
4	2	2	11
5	2	3	3
6	3	4	6
7	5	1	91

图 4 - 9　稀疏矩阵　　　　图 4 - 10　三元组表

4.2　串的基本概念

4.2.1　串的定义

串(String)是由零个或多个任意字符组成的有限序列。一般记作:

$$s = "a_1\ a_2\ \cdots\ a_i\ \cdots\ a_n"$$

其中 s 是串名,用双引号括起来的字符序列为串值,但引号本身并不属于串的内容。$a_i(1{\leqslant}i{\leqslant}n)$是一个任意字符,它称为串的元素,是构成串的基本单位,i 是它在整个串中的序号;n 为串的长度,表示串中所包含的字符个数。

常见的术语

长度:串中字符的个数,称为串的长度。

空串：长度为零的字符串称为空串。

空格串：由一个或多个连续空格组成的串称为空格串。

串相等：两个串是相等的,是指两个串的长度相等且对应字符都相等。

子串：串中任意连续的字符组成的子序列称为该串的子串。

主串：包含子串的串称为该子串的主串。

模式匹配：子串的定位运算又称为串的模式匹配,是一种求子串的第一个字符在主串中序号的运算。被匹配的主串称为目标串,子串称为模式。

4.2.2 串的顺序存储和基本操作

因为串是数据元素类型为字符型的线性表,所以用于线性表的存储方式仍适用于串。但由于串中的数据元素是单个字节,其存储方法又有其特殊之处。

1. 串的顺序存储

（1）定长顺序存储

类似于线性表,可以用一组地址连续的存储单元依次存放串中的各字符序列,利用存储单元地址的顺序表示串中字符的相邻关系。

定长存储的 C 语言描述：

在 C 语言中,字符串顺序存储可以用一个字符型数组和一个整型变量表示,其中字符数组存储串值,整型变量表示串的长度。

```
#define MAXLEN 100
typedef   Struct
{   char   vec[MAXLEN];
    int   len;
}Str;                        //可用 Str 来定义该类型的结构体变量
```

（2）存储方式

当计算机按字节（Byte）为单位编址时,一个存储单元刚好存放一个字符,串中相邻的字符顺序地存储在地址相邻的存储单元中。

当计算机按字（例如 1 个字为 32 位）为单位编址时,一个存储单元可以由 4 个字节组成。此时顺序存储结构分为非紧凑格式和紧凑格式两种存储方式。

① 非紧凑存储

设串 S=**"String Structure"**,计算机字长为 32 位（4 个 Byte）,用非紧凑格

式一个地址只能存一个字符,如图 4－11 所示。其优点是运算处理简单,但缺点是存储空间十分浪费。

② 紧凑存储

同样存储 S＝"**String Structure**",用紧凑格式一个地址能存四个字符,如图 4－12 所示。

紧凑存储的优点是空间利用率高,缺点是对串中字符处理的效率低。

S			
T			
r			
i			
n			
g			
S			
t			
r			
u			
c			
t			
u			
r			
e			

图 4－11 非紧凑格式

S	T	r	i
n	g	S	
t	r	u	c
t	u	r	e

图 4－12 紧凑格式

2. 基本操作

本小节主要讨论定长串连接、求子串、串比较算法,顺序串的插入和删除等运算。

为了讨论方便我们再次描述定长顺序串的结构如下:

```
#define MAXLEN 100              //定义串的最大长度
typedef   struct
{   char   vec[MAXLEN];
    int   len;                 //串的实际长度
}Str;                          //定义一个结构体类型 Str
```

在串尾存储一个不会在串中出现的特殊字符作为串的终结符,以此表示串的结尾。比如 C 语言中处理定长串的方法就是这样的,它是用"\0"来表示串的结束,如图 4－13 所示。

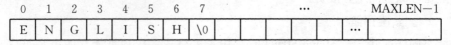

图 4－13　串的定长顺序存储

(1) 求串的长度

用判断当前字符是否是'\0 '来确定串是否结束,若非'\0 ',则表示字符串长度的 i 加 1;若是'\0 ',则表示字符串结束,跳出循环,i 即字符串的长度。

```
int LenStr (Str * r)
{ while(r->vec[i]! = '\0 ')
  i++;
  return i;
}
```

(2) 串连接

把两个串 r1 和 r2 首尾连接成一个新串 r1,即:r1＝r1＋r2。

```
void ConcatStr(Str * r1,Str * r2)
{ if(r1->len+r2->len>MAXLEN)        //连接后的串长超过串的最
                                      大长度
    printf("两个串太长,溢出!");
    else
    { for(i=0;i<r2->len;i++)
      r1->vec[r1->len+i]=r2->vec[i];   //进行连接
      r1->vec[r1->len+i]='\0 ';
      r1->len=r1->len+r2->len;         //修改连接后新串的
                                         长度
    }
}
```

(3) 求子串

在给定字符串 r 中从指定位置 i 开始连续取出 j 个字符构成子串 r1。

```
void SubStr(Str * r,int i,int j)
{ if (i+j-1>r->len)
```

```
{ printf("子串超界!");

    return;

    }

else

 { for (k=0;k<j;k++)

    r1->vec[k]=r->vec[i+k-1];          //从 r 中取出子串

    r1->len=j;

    r1->vec[r1->len]='\0';

}

        printf("取出字符为：");

        puts(r1->vec);

}
```

（4）串比较

两个串的长度相等且各对应位置上的字符都相等时，两个串才相等。

```
int EqualStr (Str * r1, Str * r2)

{ for (int i=0;r1->vec[i]==r2->vec[i]&&r1->vec[i];i++);

  return r1->vec[i]-r2->vec[i];          //相等返回 0

}
```

（5）插入串

在字符串 r 中的指定位置 i 插入子串 r1。

```
str * InsStr (Str * r, Str * r1,int i)

{    if (i>=r->len || r->len+r1->len>MAXLEN)

    printf ("不能插入!");

    else

    { for (k=r->len-1;k>=i;k--)

    r->vec[r1->len+k]=r->vec[k];    //后移空出位置

    for (k=0;k<r1->len;k++)

    r->vec[i+k]=r1->vec[k];          //插入子串 r1

    r->len=r->len+r1->len;

    r->vec[r->len]='\0';

    }
```

```
return r;
}
```

（6）删除子串

在给定字符串 r 中删除从指定位置 i 开始连续 j 个字符。

```
void DelStr(Str * r,int i,int j)          //i 为指定删除的位置,j 为连
                                            续删除的字符个数
{ if(i+j-1>r->len)
    printf("所要删除的子串超界!");
    else
    { for (k=i+j;k<r->len;k++,i++)
      r->vec[i]=r->vec[k];              //将后面的字符串前移覆盖
      r->len=r->len-j;
      r->vec[r->len]='\0';
    }
}
```

4.2.3　串的链式存储和基本操作

对于长度不确定的字符串的输入,若采用定长字符串存储就会产生这样的问题:存储空间定的大,而实际输入字符串长度小,则造成内存空间的浪费;反之,存储空间定的小,而实际输入字符串长度大,则不够存储。此时可采用链接存储的方法。

用链表存储字符串,每个结点有两个域:一个数据域(data)和一个指针域(next)。

data	next

其中数据域(data)——存放串中的字符;

指针域(next)——存放后继结点的地址。

仍然以存储 S="String Structure"为例,链接存储结构如图 4-14 所示:

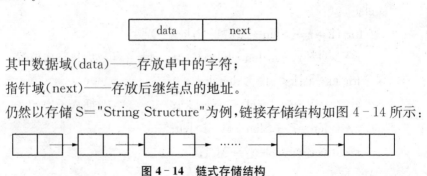

图 4-14　链式存储结构

（1）链接存储的优点：插入、删除运算方便；

（2）链接存储的缺点：存储、检索效率较低。

关于串的链式存储的基本操作类似于串的顺序存储，由于存储结构的改变链表结构，相应的基本操作相应改变，这里不再赘述。

4.2.4 串的模式匹配算法

模式匹配即子串定位，是一种重要的串运算。设 s 和 t 是给定的两个串，在主串 s 中找到等于子串 t 的过程称为模式匹配。如果在 s 中找到等于 t 的子串，则称匹配成功，函数返回 t 在 s 中的首次出现的存储位置（或序号）；否则匹配失败，返回 -1。其中被匹配的主串 s 称为目标串，匹配的子串 t 称为模式。

在此，我们只介绍一种最简单的模式匹配算法。

（1）基本思想

首先将 s_1 与 t_1 进行比较，若不同，就将 s_2 与 t_1 进行比较，直到 s 的某一个字符 s_i 和 t_1 相同，再将它们之后的字符进行比较，若也相同，则如此继续往下比较，当 s 的某一个字符 s_i 与 t 的字符 t_j 不同时，则 s 返回到本趟开始字符的下一个字符，即 s_{i-j+2}，t 返回到 t_1，继续开始下一趟的比较，重复上述过程。若 t 中的字符全部比完，则说明本趟匹配成功，本趟的起始位置是 $i-j+1$，否则，匹配失败。

（2）模式匹配的例子

主串 s="ABABCABCACBAB"，模式 t="ABCAC"，匹配过程如图 4－15 所示。

匹配位置：$i-j+1=11-6+1=6$

（3）算法描述

返回在字符串 r 中子串 r1 出现的位置。

```
int IndexStr(Str * r, Str * r1)
{    int i,j,k;
    for(i=0;r->vec[i];i++)
        for(j=i,k=0;r->vec[j]==r1->vec[k];j++,k++)
            if(! r1->vec[k+1])
                return i;
        return -1;
}
```

```
                              ↓ i=3
第1趟          A  B  A  B  C  A  B  C  A  C  B  A  B
              A  B  C
                      ↑ j=3

                  ↓ i=2
第2趟          A  B  A  B  C  A  B  C  A  C  B  A  B
                  A
                  ↑ j=1

                              ↓ i=7
第3趟          A  B  A  B  C  A  B  C  A  C  B  A  B
                  A  B  C  A  C
                              ↑ j=5

                      ↓ i=4
第4趟          A  B  A  B  C  A  B  C  A  C  B  A  B
                      A
                      ↑ j=1

                          ↓ i=5
第5趟          A  B  A  B  C  A  B  C  A  C  B  A  B
                          A
                          ↑ j=1

                                          ↓ i=11
第6趟          A  B  A  B  C  A  B  C  A  C  B  A  B
                          A  B  C  A  C
                                      ↑ j=6
```

图 4 - 15 匹配过程

(4) 时间复杂度分析

设串 s 长度为 n，串 t 长度为 m。匹配成功的情况下，考虑两种极端情况：

在最好情况下，每趟不成功的匹配都发生在第一对字符比较时：

例如：s＝"AAAAAAAAAABC"

　　　t＝"BC"

设匹配成功发生在 s_i 处，则字符比较次数在前面 $i-1$ 趟匹配中共比较了 $i-1$ 次，第 i 趟成功的匹配共比较了 m 次，所以总共比较了 $i-1+m$ 次，所有匹配成功的可能共有 $n-m+1$ 种，设从 s_i 开始与 t 串匹配成功的概率为 p_i，在等概率情况下 $p_i=1/(n-m+1)$，因此最好情况下平均比较的次数是：

$$\sum_{i=1}^{n-m+1} p_i \times (i-1+m) = \sum_{i=1}^{n-m+1} \frac{1}{n-m+1} \times (i-1+m) = \frac{(n+m)}{2}$$

即最好情况下的时间复杂度是 O(n+m)。

在最坏情况下，每趟不成功的匹配都发生在 t 的最后一个字符：

例如：s＝"AAAAAAAAAAB"

t="AAAB"

设匹配成功发生在 s_i 处,则在前面 $i-1$ 趟匹配中共比较了 $(i-1)*m$ 次,第 i 趟成功的匹配共比较了 m 次,所以总共比较了 $i*m$ 次,因此最坏情况下平均比较的次数是:

$$\sum_{i=1}^{n-m+1} p_i \times (i \times m) = \sum_{i=1}^{n-m+1} \frac{1}{n-m+1} \times (i \times m) = \frac{m \times (n-m+2)}{2}$$

因为 $n \gg m$,所以最坏情况下的时间复杂度是 $O(n*m)$。

4.3 广义表

顾名思义,广义表是线性表的推广。也有人称其为列表(Lists,用复数形式以示与统称的表 List 的区别)。

4.3.1 广义表的定义和基本运算

1. 广义表的定义和性质

我们知道,线性表是由 n 个数据元素组成的有限序列。其中每个组成元素被限定为单元素,有时这种限制需要拓宽。例如,中国举办的某体育项目国际邀请赛,参赛队清单可采用如下的表示形式:

(俄罗斯,巴西,(国家,河北,四川),古巴,美国,(),日本)

在这个拓宽了的线性表中,韩国队应排在美国队的后面,但由于某种原因未参加,成为空表。国家队、河北队、四川队均作为东道主的参赛队参加,构成一个小的线性表,成为原线性表的一个数据项。这种拓宽了的线性表就是广义表。

广义表(Generalized Lists)是 $n(n \geqslant 0)$ 个数据元素 $a_1, a_2, \cdots, a_i, \cdots, a_n$ 的有序序列,一般记作:

$$ls = (a_1, a_2, \cdots, a_i, \cdots, a_n)$$

其中:ls 是广义表的名称,n 是它的长度。每个 $a_i(1 \leqslant i \leqslant n)$ 是 ls 的成员,它可以是单个元素,也可以是一个子表,分别称为广义表 ls 的单元素和子表。当广义表 ls 非空时,称第一个元素 a_1 为 ls 的表头(head),称其余元素组成的表 $(a_2, \cdots, a_i, \cdots, a_n)$ 为 ls 的表尾(tail)。

显然,广义表的定义是递归的。

为书写清楚起见,通常用大写字母表示广义表,用小写字母表示单个数据元素,广义表用括号括起来,括号内的数据元素用逗号分隔开。下面是一些广义表的例子:

A＝()

B＝(e)

C＝(a,(b,c,d))

D＝(A,B,C)

E＝(a,E)

F＝(())

2. 广义表的性质

从上述广义表的定义和例子可以得到广义表的下列重要性质:

(1) 广义表是一种多层次的数据结构。广义表的元素可以是单元素,也可以是子表,而子表的元素还可以是子表,⋯。

(2) 广义表可以是递归的表。广义表的定义并没有限制元素的递归,即广义表也可以是其自身的子表。例如上节中表 E 就是一个递归的表。

(3) 广义表可以为其他表所共享。例如,表 A、表 B、表 C 是表 D 的共享子表。在 D 中可以不必列出子表的值,而用子表的名称来引用。

广义表的上述特性对于它的使用价值和应用效果起到了很大的作用。

广义表可以看成是线性表的推广,线性表是广义表的特例。广义表的结构相当灵活,在某种前提下,它可以兼容线性表、数组、树和有向图等各种常用的数据结构。

当二维数组的每行(或每列)作为子表处理时,二维数组即为一个广义表。

另外,树和有向图也可以用广义表来表示。

由于广义表不仅集中了线性表、数组、树和有向图等常见数据结构的特点,而且可有效地利用存储空间,因此在计算机的许多应用领域都有成功使用广义表的实例。

4.3.2　广义表的存储结构和基本运算

1. 广义表的存储

由于广义表中的数据元素可以具有不同的结构,因此难以用顺序的存储结构来表示。而链式的存储结构分配较为灵活，易于解决广义表的共享与递归问题，所以通常都采用链式的存储结构来存储广义表。在这种表示方式下，每个数据元素可用一个结点表示。

按结点形式的不同，广义表的链式存储结构又可以分为两种存储方式。一种称为头尾表示法，另一种称为孩子兄弟表示法。

（1）头尾表示法

若广义表不空，则可分解成表头和表尾；反之，一对确定的表头和表尾可唯一地确定一个广义表。头尾表示法就是根据这一性质设计而成的一种存储方法。

由于广义表中的数据元素既可能是列表也可能是单元素，相应地在头尾表示法中结点的结构形式有两种：一种是表结点，用以表示列表；另一种是元素结点，用以表示单元素。在表结点中应该包括一个指向表头的指针和指向表尾的指针；而在元素结点中应该包括所表示单元素的元素值。为了区分这两类结点，在结点中还要设置一个标志域，如果标志为 1，则表示该结点为表结点；如果标志为 0，则表示该结点为元素结点。其形式定义说明如下：

```
typedef   enum {ATOM, LIST} Elemtag;        /* ATOM＝0：单元素；
                                               LIST＝1：子表 */
typedef   struct   GLNode{
    Elemtag    tag;         /* 标志域，用于区分元素结点和表结点 */
    union {                 /* 元素结点和表结点的联合部分 */
        datatype    data;   /* data 是元素结点的值域 */
        struct {
            struct GLNode    * hp, * tp
        }ptr;               /* ptr 是表结点的指针域，ptr. hp 和 ptr. tp 分别 */
                            /* 指向表头和表尾 */
    };
} * GList;                  /* 广义表类型 */
```

头尾表示法的结点形式如图 4－16 所示。

tag＝1	hp	tp		tag＝0	data

　　　　（a）表结点　　　　　　　　　　（b）元素结点

图 4－16　头尾表示法的结点形式

对于 4.3.1 所列举的广义表 A,B,C,D,E,F,若采用头尾表示法的存储方式,其存储结构如图 4-17 所示。

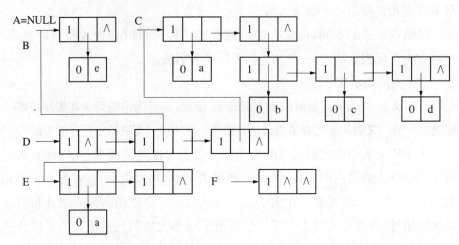

图 4-17 广义表的头尾表示法存储结构示例

从上述存储结构示例中可以看出,采用头尾表示法容易分清列表中单元素或子表所在的层次。例如,在广义表 D 中,单元素 a 和 e 在同一层次上,而单元素 b、c、d 在同一层次上且比 a 和 e 低一层,子表 B 和 C 在同一层次上。另外,最高层的表结点的个数即为广义表的长度。例如,在广义表 D 的最高层有三个表结点,其广义表的长度为 3。

(2) 孩子兄弟表示法

广义表的另一种表示法称为孩子兄弟表示法。在孩子兄弟表示法中,也有两种结点形式:一种是有孩子结点,用以表示列表;另一种是无孩子结点,用以表示单元素。在有孩子结点中包括一个指向第一个孩子(长子)的指针和一个指向兄弟的指针;而在无孩子结点中包括一个指向兄弟的指针和该元素的元素值。为了能区分这两类结点,在结点中还要设置一个标志域。如果标志为 1,则表示该结点为有孩子结点;如果标志为 0,则表示该结点为无孩子结点。其形式定义说明如下:

typedef   enum {ATOM, LIST} Elemtag;   /* ATOM = 0:单元素;
                                       LIST=1:子表 */

typedef   struct   GLENode{

　　Elemtag   tag;   /*标志域,用于区分元素结点和表

```
                               结点 * /
    union {                    / * 元素结点和表结点的联合部分 * /
      datatype  data;          / * 元素结点的值域 * /
      struct GLENode  * hp;    / * 表结点的表头指针 * /
      };
    struct GLENode   * tp;     / * 指向下一个结点 * /
    } * EGList；                / * 广义表类型 * /
```

孩子兄弟表示法的结点形式如图 4‑18 所示。

tag=1	hp	tp

（a）有孩子结点

tag=1	data	tp

（b）无孩子结点

图 4‑18　孩子兄弟表示法的结点形式

对于 4.3.1 节中所列举的广义表 A、B、C、D、E、F,若采用孩子兄弟表示法的存储方式,其存储结构如图 4‑19 所示。

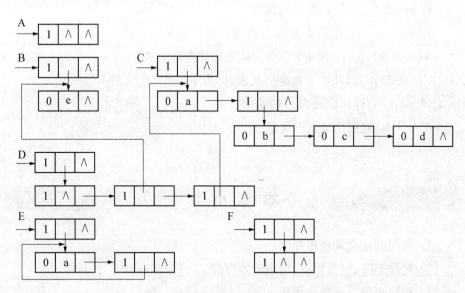

图 4‑19　广义表的孩子兄弟表示法的存储结构

从图 4‑19 的存储结构示例中可以看出,采用孩子兄弟表示法时,表达式中的左括号"("对应存储表示中的 tag=1 的结点,且最高层结点的 tp 域必为 NULL。

2. 广义表基本运算

广义表有两个重要的基本操作,即取头操作(Head)和取尾操作(Tail)。

根据广义表的表头、表尾的定义可知,对于任意一个非空的列表,其表头可能是单元素也可能是列表,而表尾必为列表。例如:

Head(B)=e   Tail(B)=( )

Head(C)=a   Tail(C)=((b,c,d))

Head(D)=A   Tail(D)=(B,C)

Head(E)=a   Tail(E)=(E)

Head(F)=( )   Tail(F)=( )

此外,在广义表上可以定义与线性表类似的一些操作,如建立、插入、删除、拆开、连接、复制、遍历等。

CreateLists(ls):根据广义表的书写形式创建一个广义表 ls。

IsEmpty(ls):若广义表 ls 空,则返回 True;否则返回 False。

Length(ls):求广义表 ls 的长度。

Depth(ls):求广义表 ls 的深度。

Locate(ls,x):在广义表 ls 中查找数据元素 x。

Merge(ls1,ls2):以 ls1 为头、ls2 为尾建立广义表。

CopyGList(ls1,ls2):复制广义表,即按 ls1 建立广义表 ls2。

Head(ls):返回广义表 ls 的头部。

Tail(ls):返回广义表的尾部。

……

本 章 小 结

1. 数组的定义和顺序存储。

2. 对称矩阵、三角矩阵、稀疏矩阵存储。

3. 稀疏矩阵三元组表示法。

4. 字符串的定义。

5. 串的顺序存储、链式存储和串的堆分配存储,三种存储的优缺点。

6. 串的基本运算包括串的连接、插入、删除、比较、替换和模式匹配等,要求重点掌握串的定长顺序存储的基本算法。

7. 广义表是 n(n≥0)个数据元素 $a_1, a_2, \cdots, a_i, \cdots, a_n$ 的有序序列,一般记作:

$$ls = (a_1, a_2, \cdots, a_i, \cdots, a_n)$$

其中:ls 是广义表的名称,n 是它的长度。每个 $a_i(1 \leqslant i \leqslant n)$ 是 ls 的成员,它可以是单个元素,也可以是一个广义表,分别称为广义表 ls 的单元素和子表。当广义表 ls 非空时,称第一个元素 a_1 为 ls 的表头(head),称其余元素组成的表$(a_2, \cdots, a_i, \cdots, a_n)$为 ls 的表尾(tail)。

广义表的链式存储结构又可以分为不同的两种存储方式,一种称为头尾表示法,另一种称为孩子兄弟表示法。

本 章 习 题

1. 名词解释

 (1) 字符串

 (2) 空白串

 (3) 空串

 (4) 顺序串

 (5) 链式串

 (6) 模式匹配

2. 填空题

 (1) 将整型数组 $A[1..8, 1..8]$ 按行优先次序存储在起始地址为 1000 的连续的内存单元中,则元素 $A[7,3]$ 的地址是:_____。

 (2) 设有二维数组 $A[0..9, 0..19]$,其每个元素占两个字节,第一个元素的存储地址为 100,若按列优先顺序存储,则元素 $A[6,6]$ 存储地址为_____。

 (3) 设 n 行 n 列的下三角矩阵 A 已压缩到一维数组 $B[1..n*(n+1)/2]$ 中,若按行为主序存储,则 $A[i,j]$ 对应的 B 中存储位置为_____。

 (4) 已知三对角矩阵 $A[1..9, 1..9]$ 的每个元素占 2 个单元,现将其三条对角线上的元素逐行存储在起始地址为 1000 的连续的内存单元中,则元素 $A[7,8]$ 的地址为_____。

(5) 设有一个 10 阶对称矩阵 A 采用压缩存储方式(以行为主序存储: $a_{11}=$ 1),则 a_{85} 的地址为_____。

(6) 对矩阵压缩是为了_____。

(7) 假设一个 15 阶的上三角矩阵 A 按行优先顺序压缩存储在一维数组 B 中,则非零元素 $A_{9,9}$ 在 B 中的存储位置 k=_____。(注:矩阵元素下标从 1 开始)

(8) 设下三角矩阵 A=
$$A=\begin{bmatrix} a_{11} & & & & & \\ a_{21} & a_{22} & & & & \\ a_{31} & a_{32} & a_{33} & & & \\ \cdots & \cdots & \cdots & \cdots & & \\ a_{n1} & a_{n2} & \cdots & \cdots & a_{nn} \end{bmatrix}$$

如果按行序为主序将下三角元素 $A_{ij}(i,j)$ 存储在一个一维数组 B[1..n(n+1)/2]中,对任一个三角矩阵元素 A_{ij},它在数组 B 中的下标为_____。

(9) 设两个字符串分别为:$s_1=$"Today is",$s_2=$"30 July, 2003",concat (s_1,s_2) 的结果是:_____。

(10) 通常在程序中使用的字符串可分为串常量和串变量;而字符串按存储方式又可分为_____、_____和_____等几种。

(11) 串的顺序存储_____格式,一个存储单元只存放字符串中的一个字符,其缺点是_____。

(12) 串的顺序存储紧凑格式的优点是_____,缺点是_____。

(13) 设 S="A:/document/Mary. Doc",则 len(s)=_____,"/"的字符定位的位置为_____。

(14) 子串的定位运算称为串的模式匹配;_____称为目标串,_____称为模式。

(15) 设目标 T="abccdcdccbaa",模式 P="cdcc",则第_____次匹配成功。

3. 单项选择题

(1) 设有数组 A[i,j],数组的每个元素长度为 3 字节,i 的值为 1 到 8,j 的值为 1 到 10,数组从内存首地址 BA 开始顺序存放,当用以列为主存放时,元素 A[5,8]的存储首地址为(   )。

    A. BA+141   B. BA+180   C. BA+222   D. BA+225

(2) 假设以行序为主序存储二维数组 A=array[1..100,1..100],设每个数据元素占 2 个存储单元,基地址为 10,则 LOC[5,5]=(   )。

    A. 808   B. 818   C. 1010   D. 1020

(3) 若对 n 阶对称矩阵 A 以行序为主序方式将其下三角形的元素(包括主对角线上所有元素)依次存放于一维数组 B[1..(n(n+1))/2]中,则在 B 中确定 $a_{ij}(i<j)$ 的位置 k 的关系为(   )。

    A. $i*(i-1)/2+j$ B. $j*(j-1)/2+i$

    C. $i*(i+1)/2+j$ D. $j*(j+1)/2+i$

(4) 设 A 是 n*n 的对称矩阵,将 A 的对角线及对角线上方的元素以列为主的次序存放在一维数组 B[1..n(n+1)/2]中,对上述任一元素 a_{ij} $(1\leqslant i,j\leqslant n,$ 且 $i\leqslant j)$ 在 B 中的位置为(   )。

    A. $i(i-1)/2+j$ B. $j(j-1)/2+i$

    C. $j(j-1)/2+i-1$ D. $i(i-1)/2+j-1$

(5) 设二维数组 A[1..m,1..n](即 m 行 n 列)按行存储在数组 B[1..m*n]中,则二维数组元素 A[i,j]在一维数组 B 中的下标为(   )。

    A. $(i-1)*n+j$ B. $(i-1)*n+j-1$

    C. $i*(j-1)$ D. $j*m+i-1$

(6) 有一个 100*90 的稀疏矩阵,非 0 元素有 10 个,设每个整型数占 2 字节,则用三元组表示该矩阵时,所需的字节数是(   )。

    A. 60   B. 66   C. 18 000   D. 33

(7) 串是一种特殊的线性表,其特殊性体现在(   )。

    A. 可以顺序存储   B. 数据元素是一个字符

    C. 可以链接存储   D. 数据元素可以是多个字符

(8) 设有两个串 p 和 q,求 q 在 p 中首次出现的位置的运算称作(   )。

    A. 连接   B. 模式匹配   C. 求子串   D. 求串长

(9) 设两个字符串的串值分别为 s1="ABCDEFG",s2="PQRST",则 concat(substr(s1,2,len(s2)),substr(s1,len(s2),2)) 的结果串(   )。

    A. BCDEF   B. BCDEFG   C. BCPQRST   D. BCDEFEF

(10) 串是(①)。

    A. 不少于一个字母的序列   B. 任意个字符的序列

    C. 不少于一个字符的序列   D. 有限个字符的序列

(11) 以下论断正确的是(　　)。

    A. ""是空串，"　"空格串   B. "baijing"是"bai jing"的子串

    C. "something"＜"Somethig"   D. "BIT"＝＝"BITE"

(12) 若字符串"ABCDEFG"采用链式存储,假设每个字符占用 1 个字节, 每个指针占用 2 个字节。则该字符串的存储密度为(　　)。

    A. 20％   B. 40％   C. 50％   D. 33.3％

(13) 上题若需提高存储密度至 50％,则每个结点应存储(　　)个字符(假 设字符串的结结束标志也占用 1 个字节)。

    A. 2   B. 3   C. 4   D. 5

(14) 某串的长度小于一个常数,则采用(　　)存储方式最节省空间。

    A. 链式   B. 顺序   C. 堆结构   D. 无法确定

(15) 在实际应用中,要输入多个字符串,且长度无法预定,则应该采用 (　　)存储方式比较合适。

    A. 链式   B. 顺序   C. 堆结构   D. 无法确定

4. 编程题

(1) 设下面所用的串均采用顺序存储方式,其存储结构定义如下,请编写下 列算法:

```
#define   MAXLEN  100
typedef   struct
{ char   vec[MAXLEN];
    int   len;
} str;
```

① 将串中 r 中所有其值为 ch1 的字符换成 ch2 的字符。

② 将串中 r 中所有字符按照相反的次序仍存放在 r 中。

③ 从串 r 中删除其值等于 ch 的所有字符。

④ 从串 r1 中第 index 个字符起求出首次与字符 r2 相同的子串的起始 位置。

⑤ 从串 r 中删除所有与串 r3 相同的子串(允许调用第(4)小题的函数)。

（2）编写一个比较 x 和 y 两个串是否相等的函数。

（3）设计一算法判断字符串是否为回文（即正读和倒读相同）。

（4）设计一算法从字符串中删除所有与字串"del"相同的子串。

（5）设计一算法统计字符串中否定词"not"的个数。

第 5 章　树和二叉树

前面章节已经讨论了栈,队列和线性表等线性结构,这种结构都是线性一维表示的数据结构。本章将讨论树型的数据结构。树型结构是一类非常重要的非线性结构,是以分支关系定义的层次结构。树型结构在客观世界中大量存在,例如家谱、行政组织机构都可用树型结构形象地表示。

树形结构是一类非常重要的非线性结构,它可以很好地描述客观世界中广泛存在的具有分支关系或层次特性的对象,因此在计算机领域里有着广泛应用,如操作系统中的文件管理、编译程序中的语法结构和数据库系统信息组织形式等。本章将详细讨论这种数据结构,特别是二叉树结构。

5.1　树的定义与术语

5.1.1　树的引例

Linux 文件系统的结构如图 5-1 所示,从图中可以看出 Linux 文件系统就像一棵倒放的树的结构,表示的是数据之间的一种层次关系,数据与数据之间是一种一对多的非线性关系。这种树形结构在客观世界中广泛存在,例如书的目录结构、人类的家谱、企业的组织架构都是树形结构的具体例子。

5.1.2　树的定义和基本术语

树(Tree)是 n(n≥0)个结点的有限集 T,T 为空时称为空树,否则它满足如下两个条件:

(1) 有且仅有一个特定的称为根(Root)的结点;

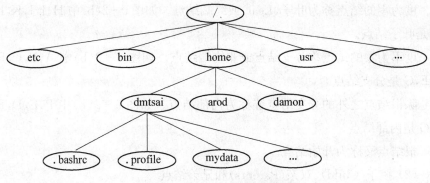

图 5-1 Linux 文件系统结构图

(2) 其余的结点可分为 m(m≥0)个互不相交的子集 $T_1, T_2, \cdots, T_m$，其中每个子集本身又是一棵树，并称其为根的子树(SubTree)。例如，图 5-2(a)是只有一个根结点的树，图 5-2(b)是有 13 个结点的树。

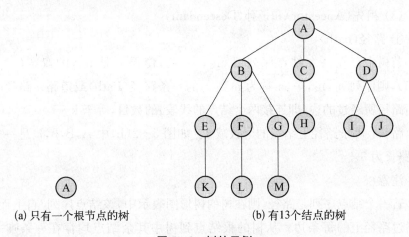

(a) 只有一个根节点的树   (b) 有13个结点的树

图 5-2 树的示例

注意：

树的递归定义刻画了树的固有特性：一棵非空树是由若干棵子树构成的，而子树又可由若干棵更小的子树构成。

下面结合图 5-2 介绍树的基本术语。

(1) 结点的度(Degree)

树中的一个结点拥有的子树个数称为该结点的度(Degree)。如图 5-2(b)中 A 的度为 3，M 的度为 0。

一棵树的度是指该树中结点的最大度数。如图 5-2(b)中树的度为 3。

度为零的结点称为叶子(Leaf)或终端结点。如图 5 - 2(b)中 H,I,J,K,L,M 是叶子结点。

度不为零的结点称分支结点或非终端结点。如图 5 - 2(b)中 A,B,C,D,E,F,G 是分支结点。

除根结点之外的分支结点统称为内部结点。如图 5 - 2(b)中 B,C,D,E,F,G 是内部结点。

根结点又称为开始结点。

(2) 孩子(Child)、双亲(Parents)和兄弟结点

树中某个结点的子树的根称为该结点的孩子(Child)或儿子,相应地,该结点称为孩子的双亲(Parents)或父亲。同一个双亲的孩子称为兄弟(Sibling)。如图 5 - 2(b)中 B 是 A 的孩子,A 是 B 的双亲,B,C,D 是兄弟节点。

(3) 祖先(Ancestor)和子孙(Descendant)

① 路径(path)

若树中存在一个结点序列 n_1,n_2,$\cdots$,n_k,使得 n_i 是 n_{i+1} 的双亲($1 \leqslant i \leqslant k-1$),则序列 n_1,n_2,$\cdots$,n_k 称为 n_1 到 n_k 的一条路径(Path)或道路。路径的长度指路径所经过的边(即连接两个结点的线段)的数目,等于 $k-1$。

路长:等于路径上结点的个数减 1。如图 5 - 2(b)中 A,B,F,L 是一条路径,路长为 3。

注意:

若一个结点序列是路径,则在树的树形图表示中,该结点序列"自上而下"地通过路径上的每条边。从树的根结点到树中其余结点均存在一条唯一的路径。

② 祖先(Ancestor)和子孙(Descendant)

若树中结点 n_1 到 n_k 存在一条路径,则称 n_1 是 n_k 的祖先(Ancestor),n_k 是 n_1 的子孙(Descendant)。

一个结点的祖先是从根结点到该结点路径上所经过的所有结点,而一个结点的子孙则是以该结点为根的子树中的所有结点。如图 5 - 2(b)中 A 是 B,F,L 的祖先,B 是 F,L 的祖先,F 是 L 的祖先,反之即为子孙。

约定:结点的祖先和子孙不包含结点本身。

(4) 结点的层数(Level)和树的高度(Height)

结点的层数(Level)从根起算：

根的层数为第一层,根的孩子为第二层,以此类推。如图 5 - 2(b)中结点 A 是第一层,结点 B 是第二层,E 为第三层。

其余结点的层数等于其双亲结点的层数加 1。

双亲在同一层的结点互为堂兄弟。

树中结点的最大层数称为树的高度(Height)或深度(Depth)。如图 5 - 2(b)中树的高度为 4。

注意：

很多资料中将树根的层数定义为 0。

(5) 有序树(OrderedTree)和无序树(UnoderedTree)

若将树中每个结点的各子树看成是从左到右有次序的(即不能互换),则称该树为有序树(OrderedTree);否则称为无序树(UnoderedTree)。

注意：

若不特别指明,一般讨论的树都是有序树。

(6) 森林(Forest)

森林(Forest)是 m(m≥0)棵互不相交的树的集合。

树和森林的概念相近。删去一棵树的根,就得到一个森林;反之,加上一个结点作树根,森林就变为一棵树。

5.1.3　树的基本操作

5.1.2节给出了树的定义,下面给出关于树的基本操作：

(1) INITTREE(T)：初始化一棵空树。

(2) CREATE_TREE(T,T_1,T_2,…,T_k)：当 k≥1 时,建立一棵以 T 为根结点,以 T_1,T_2,…,T_k 为第 1,2,…,k 棵子树的树。

(3) ROOT(T)：返回树 T 的根结点的地址,若 T 为空,返回空值。

(4) PARENT(T,e)：若 e 是 T 的非根结点,则返回结点 e 的双亲结点的地址,否则返回空值。

(5) VALUE(T,e)：返回树 T 中结点 e 的值。

(6) LEFTCHILD(T,e)：若 e 是树 T 的非叶子结点,则返回 e 的最左孩子的地址,否则返回空值。

(7) RIGHTSIBLING(T,e)：若树 T 中结点 e 有右兄弟,则返回 e 的右兄

弟的地址,否则返回空值。

(8) TREEEMPTY(T):判断树空。若树 T 为空,返回 1,否则返回 0。

5.2 二叉树的定义、性质和操作

在有序树中有一类最特殊,也是最重要的树,称为二叉树(Binary Tree)。二叉树是树型结构中最简单一种,但有着十分广泛的应用,许多实际问题抽象出来的数据结构都可以表示成二叉树的形式,即使是一般的树也能简单地转换为二叉树,而且二叉树的存储结构及其算法都较为简单,因此二叉树显得特别重要。

5.2.1 二叉树的定义

1. 定义

二叉树(BinaryTree)是 n(n≥0)个结点的有限集,它或者是空集(n=0),或者由一个根结点及两棵互不相交的,分别称作这个根的左子树和右子树的二叉树组成。

通俗地讲:在一棵非空的二叉树中,每个结点至多只有两棵子树,分别称为左子树和右子树,且左右子树的次序不能任意交换。所以,二叉树是特殊的有序树。

2. 二叉树的形态

根据定义,二叉树可以是空集;根可以有空的左子树或右子树;或者左、右子树皆为空。二叉树的五种基本形态如下图 5-3 所示。

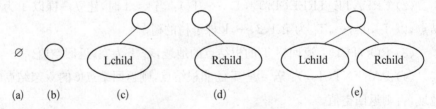

图 5-3 二叉树的基本形态

(a) 空二叉树;

(b) 仅有根结点的二叉树;

(c) 右子树为空的二叉树;

(d) 左子树为空的二叉树；

(e) 左、右子树均非空的二叉树。

5.2.2 二叉树的两种特殊形态

满二叉树和完全二叉树是二叉树的两种特殊情形。

1. 满二叉树（FullBinaryTree）

一棵深度为 k 且有 2^k-1 个结点的二叉树称为满二叉树。满二叉树的特点：① 每一层上的结点数都达到最大值。即对给定的高度，它是具有最多结点数的二叉树。② 满二叉树中不存在度数为 1 的结点，每个分支结点均有两棵高度相同的子树，且树叶都在最下一层上。

例 5 - 1： 图 5 - 4(a)是一个深度为 4 的满二叉树。

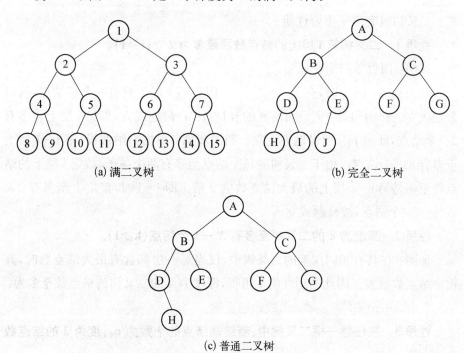

(a) 满二叉树   (b) 完全二叉树

(c) 普通二叉树

图 5 - 4 二叉树的形态

2. 完全二叉树（Complete BinaryTree）

若一棵二叉树至多只有最下面的两层上结点的度数可以小于2，并且最下一层上的结点都集中在该层最左边的若干位置上，则此二叉树称为完全二叉树。

特点：

(1) 满二叉树是完全二叉树，完全二叉树不一定是满二叉树。

(2) 在满二叉树的最下一层上，从最右边开始连续删去若干结点后得到的二叉树仍然是一棵完全二叉树。

(3) 在完全二叉树中，若某个结点没有左孩子，则它一定没有右孩子，即该结点必是叶结点。

例 5 - 2：图 5 - 4(c)中，结点 D 没有左孩子而有右孩子 H，故它不是一棵完全二叉树。

例 5 - 3：图 5 - 4(b)是一棵完全二叉树。

5.2.3 二叉树的几个特性

二叉树具有以下重要性质：

性质 1 二叉树第 i 层上的结点数目最多为 $2^{i-1}(i \geqslant 1)$。

证明：用数学归纳法证明：

归纳基础：i=1 时，有 $2^{i-1}=2^0=1$。因为第 1 层上只有一个根结点，所以命题成立。归纳假设：假设对所有的 $j(1 \leqslant j < i)$命题成立，即第 j 层上至多有 2^{j-1}个结点，证明 j=i 时命题亦成立。归纳步骤：根据归纳假设，第 i−1 层上至多有 2^{i-2}个结点。由于二叉树的每个结点至多有两个孩子，故第 i 层上的结点数至多是第 i−1 层上的最大结点数的 2 倍。即 j=i 时，该层上至多有 $2 \times 2^{i-2}=2^{i-1}$个结点，故命题成立。

性质 2 深度为 k 的二叉树至多有 2^k-1 个结点$(k \geqslant 1)$。

证明：在具有相同深度的二叉树中，仅当每一层都含有最大结点数时，其树中结点数最多。因此利用性质 1 可得，深度为 k 的二叉树的结点数至多为：

$2^0+2^1+\cdots+2^{k-1}=2^k-1$ 故命题正确。

性质 3 在任意一棵二叉树中，若终端结点的个数为 n_0，度为 2 的结点数为 n_2，则 $n_0=n_2+1$。

证明：因为二叉树中所有结点的度数均不大于 2，所以结点总数（记为 n）应等于 0 度结点数、1 度结点（记为 n_1）和 2 度结点数之和：

$$n = n_0 + n_1 + n_2 \qquad\qquad (5-1)$$

另一方面，1 度结点有一个孩子，2 度结点有两个孩子，故二叉树中孩子结点总数是：

$$n_1 + 2n_2$$

树中只有根结点不是任何结点的孩子，故二叉树中的结点总数又可表示为：

$$n = n_1 + 2n_2 + 1 \qquad\qquad (5-2)$$

由式(5-1)和式(5-2)得到：

$$n_0 = n_2 + 1$$

性质 4 具有 $n(n>0)$ 个结点的完全二叉树(包括满二叉树)的深度(K)为$\lfloor \log_2 n \rfloor + 1$。

证明：性质 2 和完全二叉树定义可知，当完全二叉树的深度为 K、结点个数为 n 时有：

$$2^{K-1} - 1 < n \leqslant 2^K - 1 \; 即 \; 2^{K-1} \leqslant n < 2^K$$

对不等式取对数有：

$$K - 1 \leqslant \log_2 n < K$$

由于 K 是整数，所以有 $K = \lfloor \log_2 n \rfloor + 1$。

性质 5 对于一棵有 **n** 个结点的完全二叉树，若按满二叉树的同样方法对结点进行编号，则对于任意序号为 **i** 的结点，有：

(1) 若 $i>1$，则序号为 i 的结点的双亲结点的序号为 $i/2$；

若 $i=1$，则序号为 i 的结点是根结点。

(2) 若 $2i \leqslant n$，则序号为 i 的结点的左孩子结点的序号为 $2i$；

若 $2i>n$，则序号为 i 的结点无左孩子。

(3) 若 $2i+1 \leqslant n$，则序号为 i 的结点的右孩子结点的序号为 $2i+1$；

若 $2i+1>n$，则序号为 i 的结点无右孩子。

证明略。

5.2.4 二叉树的基本操作

二叉树的基本操作通常有以下几种：

(1) CreateBT()：创建一棵二叉树。

(2) Preorder(BT * T)：按先序(根、左、右)遍历二叉树上所有结点。

(3) Inorder(BT * T)：按中序(左、根、右)遍历二叉树上所有结点。

(4) Postorder(BT * T)：按后序(根、左、右)遍历二叉树上所有结点。

(5) Levelorder(BT * T)：按层次遍历二叉树上所有结点。

(6) Leafnum(BT * T)：求二叉树叶结点总数。

(7) TreeDepth(BT * T)：求二叉树的深度。

5.3 二叉树的存储

二叉树是非线性结构，即每个数据结点至多只有一个前驱，但可以有多个后继。它可采用顺序存储结构和链式存储结构。

5.3.1 二叉树的顺序存储结构

二叉树的顺序存储，就是用一组连续的存储单元存放二叉树中的结点。因此，必须把二叉树的所有结点安排成为一个恰当的序列，结点在这个序列中的相互位置能反映出结点之间的逻辑关系，用编号的方法从树根起，自上层至下层，每层自左至右地给所有结点编号，缺点是有可能对存储空间造成极大的浪费，在最坏的情况下，一个深度为 k 且只有 k 个结点的右单支树需要 $2^k - 1$ 个结点存储空间。依据二叉树的性质，完全二叉树和满二叉树采用顺序存储比较合适，树中结点的序号可以唯一地反映出结点之间的逻辑关系，这样既能够最大可能地节省存储空间，又可以利用数组元素的下标值确定结点在二叉树中的位置，以及结点之间的关系。图 5-5(a)是一棵完全二叉树，图 5-5(b)给出的图 5-5(a)所示的完全二叉树的顺序存储结构。

(a) 一棵完全二叉树   (b) 顺序存储结构

图 5-5　完全二叉树的顺序存储示意图

对于一般的二叉树，如果仍按从上至下和从左到右的顺序将树中的结点顺序存储在一维数组中，则数组元素下标之间的关系不能够反映二叉树中结点之间的逻辑关系,只有增添一些并不存在的空结点,使之成为一棵完全二叉树的形式,然后再用一维数组顺序存储。如图 5 - 6 给出了一棵一般二叉树改造后的完全二叉树形态和其顺序存储状态示意图。显然,这种存储对于需增加许多空结点才能将一棵二叉树改造成为一棵完全二叉树的存储时,会造成空间的大量浪费,故不宜用顺序存储结构。最坏的情况是右单支树,如图 5 - 7 所示,一棵深度为 k 的右单支树,只有 k 个结点,却需分配 $2^k - 1$ 个存储单元。

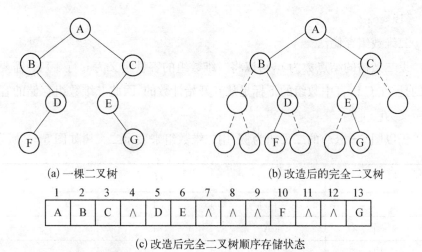

(a) 一棵二叉树　　　　　　(b) 改造后的完全二叉树

1	2	3	4	5	6	7	8	9	10	11	12	13
A	B	C	∧	D	E	∧	∧	∧	F	∧	∧	G

(c) 改造后完全二叉树顺序存储状态

图 5 - 6　一般二叉树及其顺序存储示意图

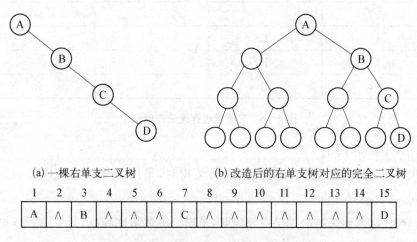

(a) 一棵右单支二叉树　　　　(b) 改造后的右单支树对应的完全二叉树

1	2	3	4	5	6	7	8	9	10	11	12	13	14	15
A	∧	B	∧	∧	∧	C	∧	∧	∧	∧	∧	∧	∧	D

(c) 单支树改造后完全二叉树的顺序存储状态

图 5 - 7　右单支二叉树及其顺序存储示意图

二叉树的顺序存储结构算法如下：

♯define　　　Maxsize 100//假设一维数组最多存放 100 个元素

typedef　　　char Datatype；//假设二叉树元素的数据类型为字符

typedefstruct

{

　　Datatype bt[Maxsize]；

　　int btnum；

}Btseq；

二维数组存储法

设二叉树的结点数为 n，可以将二维数组的容量定义为 n 行 3 列。需要说明的是，在 C 语言中数组的下标是从 0 开始计数的，因此二维数组存储的容量可定义为[n][3]。

仍以图 5-6(a)的二叉树为例，用二维数组来表示二叉树如图 5-8 所示：

	Data	Leftno	Rightno
	[0]	[1]	[2]
[0]	A	1	2
[1]	B	0	3
[2]	C	4	0
[3]	D	5	0
[4]	E	0	6
[5]	F	0	0
[6]	G	0	0

图 5-8　二维数组存储法存储表示

顺序存储小结：

● 当二叉树为满二叉树或完全二叉树时，采用一维数组可以节省存储空间。

● 当二叉树层数高而结点较少时，采用二维数组比较好，只要 n 行 3 列存储空间。

● 顺序存储的优点是找父结点的位置方便。缺点是进行插入或删除操作要进行大量的数据移动,且存储空间的扩充不方便。

5.3.2 二叉链表存储结构

二叉树的链式存储结构是指用链表来表示一棵二叉树,即用链来指示元素的逻辑关系。

通常的方法是链表中每个结点由三个域组成,数据域和左、右指针域,左、右指针分别用来给出该结点左孩子和右孩子所在链结点的存储地址。其结点结构如图 5-9 所示:

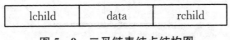

| lchild | data | rchild |

图 5-9 二叉链表结点结构图

其中,data 域存放某结点的数据信息;lchild 与 rchild 分别存放指向该结点左孩子和右孩子的指针,当左孩子或右孩子不存在时,相应指针域值为空(用符号 ∧ 或 NULL 表示)。利用这样结点结构表示的二叉树链式存储结构被称为二叉链表,如图 5-10 所示。

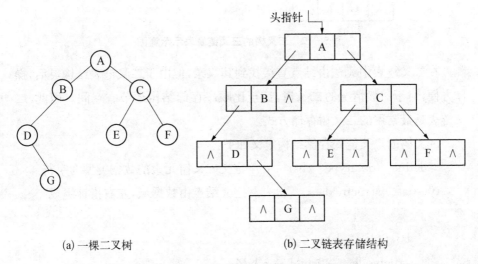

(a) 一棵二叉树   (b) 二叉链表存储结构

图 5-10 二叉树的二叉链表表示示意图

为了方便访问某结点的双亲,还可以给链表结点增加一个双亲字段 parent,用来指向其双亲结点。每个结点由四个域组成,其结点结构如图5-11 所示:

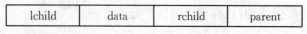

lchild	data	rchild	parent

图 5 - 11 带双亲的结点结构图

这种存储结构既便于查找孩子结点,又便于查找双亲结点;但是,相对于二叉链表存储结构而言,它增加了空间开销。利用这样的结点结构表示的二叉树链式存储结构被称为三叉链表。

图 5 - 12 给出了图 5 - 10(a)所示的一棵二叉树的三叉链表表示。

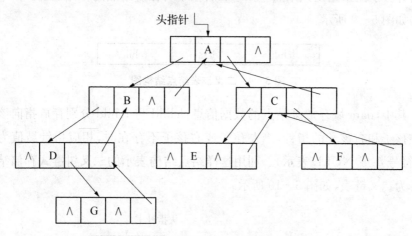

图 5 - 12 二叉树的三叉链表表示示意图

在二叉链表中无法由结点直接找到其双亲,但由于二叉链表结构灵活,操作方便,对于一般情况的二叉树,甚至比顺序存储结构还节省空间。因此,二叉链表是最常用的二叉树存储方式。

二叉树的二叉链式存储结构定义如下:

#define   datatype   char   //定义二叉树元素的数据类型为字符

typedef   structnode   //定义结点由数据域,左右指针组成

{

    datatype   data;

    structnode * lchild, * rchild;

}Bitree;

5.3.3 三叉链表存储结构

三叉链表结点由一个数据域和三个指针域组成,其结构如图 5 - 13 所示:

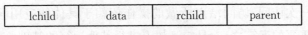

| lchild | data | rchild | parent |

图 5 - 13　三叉链表结点

data 为数据域,存放结点的数据信息;

lchild 为左指针域,存放该结点左子树的存储地址;

rchild 为右指针域,存放该结点右子树的存储地址。

parent 为父指针域,存放结点双亲结点存储地址。这种存储结构既便于查找左、右子树的结点,又便于查找双亲结点;但是增加了存储空间的开销。

图 5 - 14 给出了图 5 - 10(a)所示的一棵二叉树的三叉链表示。

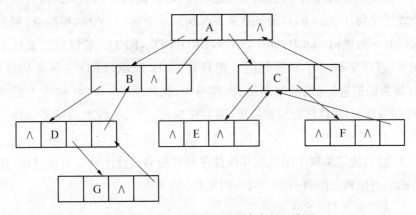

图 5 - 14　二叉树的三叉链表存储示意图

二叉树的三叉链式存储结构定义如下:

＃define　datatype　char　　//定义二叉树元素的数据类型为字符

typedef　structnode　　　　//定义结点由数据域,左右指针组成

{

　　　datatype　　data;

　　　structnode　＊lchild,＊rchild;

　　　structnode　＊parent

　}BT;

5.4　二叉树的遍历

所谓遍历(Traversal)是指沿着某条搜索路线,依次对树中每个结点均做

一次且仅做一次访问,访问结点所做的操作依赖于具体的应用问题。遍历是二叉树上最重要的运算之一,是二叉树上进行其他运算的基础。

这里提到的"访问"是指对结点施行某种操作,操作可以是输出结点信息,修改结点的数据值等,但要求这种访问不破坏它原来的数据结构。在本书中,我们规定访问是输出结点信息 data,且以二叉链表作为二叉树的存贮结构。

5.4.1 遍历二叉树

由于二叉树是一种非线性结构,每个结点可能有一个以上的直接后继,因此必须规定遍历的规则,并按此规则遍历二叉树,最后得到二叉树所有结点的一个线性序列。令 L,R,D 分别代表二叉树的左子树、右子树、根结点,则遍历二叉树有 6 种规则:DLR,DRL,LDR,LRD,RDL,RKD。若规定二叉树中必须先左后右(左右顺序不能颠倒),则只有 DLR,LDR,LRD 三种遍历规则。DLR 称为前根遍历(或前序遍历、先序遍历、先根遍历),LDR 称为中根遍历(或中序遍历),LRD 称为后根遍历(或后序遍历)。二叉树的遍历是指按某种顺序访问二叉树中的所有结点,使得每个结点都被访问,且仅被访问一次。通过一次遍历,使二叉树中结点的非线性序列转变为线性序列。也就是说,使得遍历的结点序列之间有一个一对一的关系。

1. 先序遍历(DLR)

先序遍历也称为先根遍历,其递归过程为:

若二叉树为空,遍历结束。否则,

(1) 访问根结点;

(2) 先序遍历根结点的左子树;

(3) 先序遍历根结点的右子树。

先序遍历递归算法:

算法如下:

```
void preorder(BT * p)
{
    if(p! =NULL)
    {
        printf(p—>data);
        preorder(p—>lchild);
```

```
        preorder (p—>rchild);
    }
}
```

对于图 5 - 10(a)所示的二叉树,按先序遍历所得到的结点序列为:

A B D G C E F

2. 中序遍历(LDR)

中序遍历也称为中根遍历,其递归过程为:

若二叉树为空,遍历结束。否则,

(1) 中序遍历根结点的左子树;

(2) 访问根结点;

(3) 中序遍历根结点的右子树。

中序遍历递归算法:

```
void InOrder(BT T)
{
 if(T! =NULL)                           //如果二叉树非空
     InOrder(T—>lchild);
     printf(T—>data);                   //访问结点
     InOrder(T—>rchild);
}
} //InOrder
```

对于图 5 - 10(a)所示的二叉树,按中序遍历所得到的结点序列为:

D G B A E C F

3. 后序遍历(LRD)

后序遍历也称为后根遍历,其递归过程为:

若二叉树为空,遍历结束。否则,

(1) 后序遍历根结点的左子树;

(2) 后序遍历根结点的右子树。

(3) 访问根结点。

后序遍历递归算法:

```
void Postorder(BT * bt)                 //后序遍历二叉树 BT
{    if(bt! =NULL)                      //递归调用的结束条件
```

```
            { Postorder(bt —>lchild);        //后序递归遍历左子树
                Postorder(bt —>rchild);      //后序递归遍历右子树
                printf(bt —>data);           //输出结点的数据域
        }
    }
```

对于图 5 - 10(a)所示的二叉树,按先序遍历所得到的结点序列为:

G D B E F C A

4. 层次遍历

按照自上而下(从根结点开始),从左到右(同一层)的顺序逐层访问二叉树上的所有结点,这样的遍历称为按层次遍历。

按层次进行遍历时,当一层结点访问完后,再访问下一层的结点。先遇到的结点先访问,这与队列的操作原则是一致的。因此,在进行层次遍历时,可设置一个数组来模拟队列的结构,遍历从二叉树的根结点开始,先将根结点指针入队列,然后从队头取出一个元素,每取一个元素,执行下面两个操作:

(1) 访问该元素所指结点;

(2) 若该元素所指结点的左、右孩子结点非空,则将该元素所指结点的左孩子指针和右孩子指针依次入队。

此过程不断进行,直到队空为止。

在下面的层次遍历算法中,二叉树以二叉链表存放,一维数组 q[MAXLEN]用以实现队列,变量 lchild 和 rchild 分别表示当前队首元素和队尾元素在数组中的位置。

层次遍历算法:

```
void Levelorder(BT * T)          //按层次遍历二叉树 BT
{ int i,j;
BT  * q[MAXLEN], * p;            //设置一个数组来模拟队列
p=T;
if(p! =NULL)
{i=1;q[i]=p;j=2;}
while(i! =j)
  { p=q[i];printf(p—>data);     //访问队首结点的数据域
      if( p—>lchild! =NULL)      //将队首结点的左孩子结点入队列
```

```
    {    q[j]=p->lchild;j++;}
        if(p->rchild!=NULL)   //将队首结点的右孩子结点入队列
        { q[j]=p->rchild;j++;
        }
        i++;
    }
}
```

图 5-10(a)所示的二叉树,按层次遍历所得到的结果序列为:

A B C D E F G

例 5-4: 下列二叉树,如图 5-15 所示,求它
的先序遍历、中序遍历、后序遍历和层次遍历。

先序遍历的序列: A B D G E H C F

中序遍历的序列: D G B H E A F C

后序遍历的序列: G D H E B F C A

层次遍历的序列: A B C D E F G H

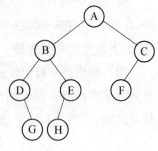

图 5-15　二叉树

5.4.2　非递归的二叉树遍历算法

1. 先序遍历的非递归实现

根据先序遍历访问的顺序,优先访问根结点,然后再分别访问左孩子和右
孩子。即对于任一结点,可看做是根结点,因此可以直接访问,访问完之后,若
左孩子不为空,按相同规则访问它的左子树;当访问左子树时,再访问它的右
子树。因此处理过程如下:

对于任一结点 P:

(1) 访问结点 P,并将结点 P 入栈;

(2) 判断结点 P 的左孩子是否为空,若为空,则取栈顶结点并进行出栈操
作,并将栈顶结点的右孩子置为当前的结点 P,循环至(1);若不为空,则将 P
的左孩子置为当前的结点 P;

(3) 直到 P 为 NULL 并且栈为空,则遍历结束。

2. 中序遍历的非递归实现

根据中序遍历的顺序,对于任一结点,优先访问左孩子,而左孩子结点又
可以看作一根结点,然后继续访问左孩子结点,直到遇到左孩子结点为空的结

点才进行访问,然后按相同的规则访问右子树。因此处理过程如下:

对于任一结点 P,

(1) 若其左孩子不为空,则将 P 入栈并将 P 的左孩子置为当前的 P,然后对当前结点 P 再进行相同的处理;

(2) 若其左孩子为空,则取栈顶元素并进行出栈操作,访问该栈顶结点,然后将当前的 P 置为栈顶结点的右孩子;

(3) 直到 P 为 NULL 并且栈为空,则遍历结束。

3. 后序遍历的非递归实现

后序遍历的非递归实现是三种遍历方式中最难的一种。因为在后序遍历中,左孩子和右孩子都已被访问,才能访问根结点,这就为流程的控制带来了难题,下面介绍两种思路。

第一种思路:对于任一结点 P,将其入栈,然后沿其左子树一直往下搜索,直到搜索到没有左孩子的结点,此时该结点出现在栈顶,但是此时不能将其出栈并访问,因此其右孩子还未被访问。所以接下来按照相同的规则对其右子树进行相同的处理,当访问完右孩子时,该结点又出现在栈顶,此时可以将其出栈并访问,这样就保证了正确的访问顺序。可以看出,在这个过程中,每个结点都两次出现在栈顶,只有在第二次出现在栈顶时,才能访问它。因此需要多设置一个变量标识该结点是否是第一次出现在栈顶。

第二种思路:要保证根结点在左孩子和右孩子访问之后才能访问,因此对于任一结点 P,先将其入栈。如果 P 不存在左孩子和右孩子,则可以直接访问它;或者 P 存在左孩子或者右孩子,但是其左孩子和右孩子都已被访问过了,则同样可以直接访问该结点。若非上述两种情况,则将 P 的右孩子和左孩子依次入栈,这样就保证了每次取栈顶元素的时候,左孩子在右孩子前面被访问,左孩子和右孩子都在根结点前面被访问。

5.5 线索二叉树

对二叉树进行遍历的过程即沿着某一条搜索路径对二叉树中的结点进行一次且仅仅进行一次访问。换句话说,就是按一定的规则将一个处于层次结构中的结点排列成一个线性序列之后进行依次访问。在遍历过程中保存结点之间前驱和后继等信息。

5.5.1　线索化二叉树的定义

遍历二叉树是按一定的规则将二叉树中所有结点排列为一个有序序列，这实质上是对一个非线性的数据结构进行线性化的操作。经过遍历的结点序列，除第一个结点和最后一个结点以外，其余每个结点有且仅有一个直接前驱结点和一个直接后继结点。

当以二叉链表作为存储结构时，只能找到结点的左、右孩子的信息，而不能直接得到结点任意一个序列中的直接前驱结点和直接后继结点信息，这种信息只有在对二叉树遍历的动态过程中才能得到，若增加前驱和后继指针将使存储密度进一步降低。

在用二叉链表存储的二叉树中，单个结点的二叉树有两个空指针域，如图 5-16(a)所示，两个结点的二叉树有三个空指针域，如图 5-16(b)所示。

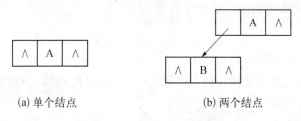

(a) 单个结点　　　　　　　　(b) 两个结点

图 5-16　二叉链表存储结构

不难证明：n 个结点的二叉树有 n+1 个空指针域。即一个具有 n 个结点的二叉树，若采用二叉链表存储结构，在其总共 2n 个指针域中只有 n−1 个指针域是用来存储结点子树的地址，而另外 n+1 个指针域存放的都是 ∧（空指针域）。因此，可以充分利用二叉链表存储结构中的那些空指针域，来保存结点在某种遍历序列中的直接前驱和直接后继的地址。

指向直接前驱结点或指向直接后继结点的指针称为线索(thread)，带有线索的二叉树称为线索二叉树。把二叉树改造成线索二叉树的过程称为线索化。

5.5.2　线索二叉树的方法

由于二叉树结点的序列可由不同的遍历方法得到。因此，线索二叉树也有先序线索二叉树、中序线索二叉树和后序线索二叉树三种。在三种线索二

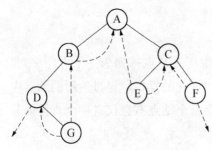

图 5-17　中序线索二叉树

叉树中一般以中序线索化用得最多,所以下面以图 5-17 所示的二叉树为例,说明中序线索二叉树的方法:

(1) 先写出原二叉树的中序遍历序列:D G B A E C F

(2) 若结点的左子树为空,则此线索指针将指向前一个遍历次序的结点;

若结点的右子树为空,则此线索指针将指向下一个遍历次序的结点。其中实线表示指针,虚线表示线索。

另外,为了便于操作,在存储线索二叉树时需要增设一头结点,其结构与其他线索二叉树的结点结构一样。但是,头结点的数据域不存放信息,它的左指针域指向二叉树的根结点,右指针域指向自己。而原二叉树在某种序列遍历下的第一个结点的前驱线索和最后一个结点的后继线索都指向头结点。

线索二叉树的优点

(1) 利用线索二叉树进行中序遍历时,不必采用堆栈处理,速度较一般二叉树的遍历速度快,且节约存储空间。

(2) 任意一个结点都能直接找到它的前驱和后继结点。

线索二叉树的缺点

(1) 结点的插入和删除麻烦,且速度也较慢。

(2) 线索子树不能共用。

5.5.3　线索化二叉树的结构

我们做如下规定:若结点有左子树,则让其 lchild 域指向左子树,否则令 lchild 域指向其前驱结点;若结点有右子树,则让其 rchild 域指向右子树,否则令 rchild 域指向其后继结点;为了区分 lchild 是指向左子树还是前驱,rchild 是指向右子树还是后继,设置两个标志 ltag 和 rtag。修改后的二叉树表结点的结构如图 5-18 所示。

ltag	lchild	data	rchild	rtag

图 5-18　二叉链表结点的结构

ltag 等于零,表示 lchild 域指向结点的左子树;等于 1,表示 lchild 域指向结点的直接前驱。

rtag 等于零,表示 rchild 域指向结点的右子树;等于 1,表示 rchild 域指向结点的直接后继。

以上这种结点构成的二叉链表作为二叉树的存储结构,称为线索链表;其中指向结点前驱和后继的指针称为线索;加上线索的二叉树称为线索二叉树;

二叉树的二叉链表的存储表示如下:

```
typedef enum PointerTag {Link,Thread};    //Link==0,Thread==1;线索
typedef struct treenode
{
    struct   treenode   * left;
    char                data;
    struct   treenode   * right;
    PointerTag    Ltag,Rtag;                //左右标志
}Treenode, * Treep;
```

5.6 二叉树遍历的应用

以上讨论的遍历算法中,访问节点的数据域信息具有更一般的意义,根据具体问题,对结点数据进行不同的操作。下面介绍几种典型的应用。

1. 统计二叉树叶子结点数

实现这个操作只要对二叉树遍历一遍,并在遍历过程中对叶子结点计数就可以了。很显然这个遍历的次序可以是随意的,在遍历的同时进行计数,需要在算法中设一个计数器 count 就可以。

(1) 基本思想

若该结点为叶子结点,count+1;递归统计 T 的左子树叶结点数;递归统计 T 的右子树叶结点数。

(2) 算法

```
void Leafnum(BT  * T)//求二叉树叶结点数
```

{if(T! =NULL)//若树不为空

{ //开始时,BT 为根结点所在链结点的指针,返回值为 BT 的叶子数

　　　　　　　　//count 为金属变量,调用前 count=0;

　　if(T->lchild==NULL&&T->rchild==NULL)

　　　　count++; //若该结点为叶子结点,count 计数器加 1,

　　　　Leafnum(T->lchild);//递归统计 T 的左子树叶结点数

　　　　Leafnum(T->rchild);//递归统计 T 的右子树叶结点数

}

}

2. 求二叉树结点总数

(1) 基本思想

若二叉树根结点不为空,则计数器 count 加 1;

递归统计 T 的左子树结点数;

递归统计 T 的右子树结点数。

(2) 算法

```
void Nodenum(BT * T)            //求二叉树总结点数
                  //count 为金属变量,调用前 count=0;
{if(T)
    { count++;//如果二叉树不空,加上一个结点数
            Nodenum(T->lchild);//递归统计 T 的左子树结点数
            Nodenum(T->rchild);//递归统计 T 的右子树结点数
    }
}
```

3. 求二叉树的深度

二叉树的深度定义与树的深度定义相同。而结点的层次数需从根结点起递推,根结点为第一层的结点,第 k 层的结点的子树根在第 k+1 层。由此需要在先序遍历二叉树的过程中求每个结点的层次数,并将其中的最大值设为二叉树的深度。

(1) 基本思想

若二叉树为空,则返回 0,否则,

递归统计左子树的深度；

递归统计左子树的深度；

递归结束，返回其中大的一个，即是二叉树的深度。

（2）算法

int TreeDepth(BT ＊T)　　//求二叉树深度

{int ldep,rdep；//定义两个整型变量，用以存放左、右子树的深度

　　if(T==NULL)//若树空则返回 0

　　　return 0；

　　else

　　{　ldep=TreeDepth(T->lchild)；//递归统计 T 的左子树深度

　　　rdep=TreeDepth(T->rchild)；//递归统计 T 的右子树深度

　　　if(ldep>rdep) //若左子树深度大于右子树深度则返回左子树

　　　　　　深度加 1

　　　　return ldep+1；

　　　else

　　　　return rdep+1；//否则返回右子树深度加 1

　　}

}

4. 在二叉树上查询某个结点

给定一个和二叉树中数据元素有相同类型的值，在已知二叉树中进行查找，若存在和给定值相同的数据元素，则返回函数值为 True，并用应用参数返回指向该结点的指针；否则返回 False。

（1）基本思想

先在判别二叉树的根结点是否与 x 相等，若相等则返回，否则，

递归在 bt->lchild 为根结点指针的二叉树中查找数据元素 x；

递归在 bt->rchild 为根结点指针的二叉树中查找数据元素 x。

（2）算法

BiTreeSearch(BT bt,elemtype x)

{ BiTreep；

　if (bt->data= =x) return bt；//若查找根结点成功，即返回。否则，

分别在左、右子树查找

```
if (bt->lchild! =NULL) return (Search (bt->lchild,x));
    //在 bt->lchild 为根结点指针的二叉树中查找数据元素 x
if (bt->rchild! =NULL) return (Search (bt->rchild,x));
    //在 bt->rchild 为根结点指针的二叉树中查找数据元素 x
return NULL; //查找失败返回
}
```

从上面的几个例子可见，只要将算术表达式用标识符树来表示，然后再求出它的后序遍历的序列，就能方便地得到原表达式的后缀表达式。

5.7 树的存储结构

由树的孩子兄弟表示法可知，如果设定一定规则，就可用二叉树结构表示树和森林，这样，对树的操作实现可以借助二叉树的操作来实现。本节将讨论树和森林与二叉树之间的转换方法。

本节讨论树与森林的存储表示。与二叉树不同，对于一般的树（多叉树），由于每个结点的分支可能不等，其存储表示相应的要复杂一些。树有多种存储表示，以下介绍四种常用的存储表示。

5.7.1 广义表表示法

利用广义表表示一棵树，是一种非常有效的方法。树中的结点可以分为 3 种：叶结点、根结点、除根结点之外的其他非叶结点。在广义表中也可以有三种结点与之对应：原子结点、表头结点、子表结点。

图 5 - 19(a)给出了一棵树，他的广义表表示为 A(B(E,F(H,I,J)),C,D)。其中存储表示如图 5 - 19(b)所示。

5.7.2 父指针表示法

父指针表示法以一组连续的存储单元来存放树中的结点，每一个结点有两个域，一个是 data 域，用来存放数据元素，另一个是 parent 域，用来存放指示其父结点位置的指针。树的父指针表示法如图 5 - 20(a)所示。

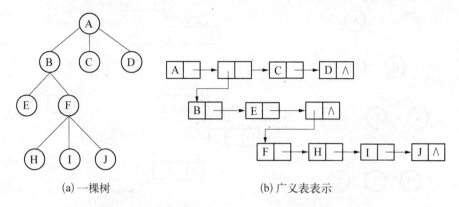

(a) 一棵树   (b) 广义表表示

图 5‑19 树的广义表表示(utype 域没有画出)

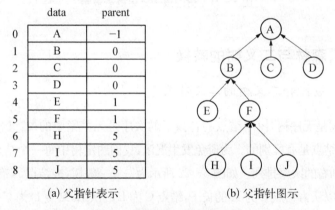

(a) 父指针表示   (b) 父指针图示

图 5‑20 树的父指针表示法

5.7.3 孩子兄弟表示法

孩子兄弟表示法,是一种二叉树表示法。它的每个结点的度 d=2,是最节省存储空间的树的存储表示。它的每一个结点由三个域组成:

data	firstChild	nextSibling

参考图 5‑21 所示。树中根结点 A 只有一个,它没有兄弟,所以他的 nextSibling 域为空;但它有 3 个子女,所以它的 firstChild 域存放的是它的第一个子女 B 的结点地址。结点 B 有子女和兄弟,它的 nextSibling 域是 C 结点的地址,firstChild 域是它的第一个子女 E 的结点地址。

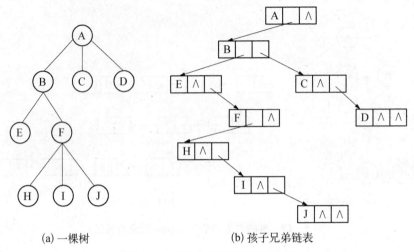

(a) 一棵树　　　　　　(b) 孩子兄弟链表

图 5-21　树的孩子兄弟链表表示

5.8　树、森林与二叉树的转换

5.8.1　一般树和二叉树的二叉链表存储结构比较

一般树是无序树,树中结点的各孩子的次序是无关紧要的;二叉树中结点的左、右孩子结点是有区别的。为避免发生混淆,我们约定树中每一个结点的孩子结点按从左到右的次序排列。如图 5-22 所示为一棵一般树,根结点 A 有 B、C、D 三个孩子,可以认为结点 B 为 A 的长子,结点 C 为 B 的次弟,结点 D 为 C 的次弟。

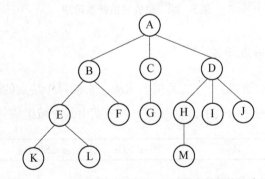

图 5-22　一般树和二叉树的二叉链表存储结构示意图

5.8.2　树到二叉树的转换

比较图 5-23 的两种存储结构,只要把一般树的长子作为二叉树的左子树;把一般树的次弟作为二叉树的右子树,即可以把一棵一般树转换为一棵二叉树。

长子地址	结点信息	次弟地址

左子树地址	结点信息	右子树地址

　　　(a) 一般树双链表存储结构　　　　　　(b) 二叉树双链表存储结构

图 5 - 23　二叉树双链表结点结构

整个转换可以分为三步:

(1) 连线——链接树中所有相邻的亲兄弟之间连线。

(2) 删线——保留父结点与长子的连线,打断父结点与非长子结点之间的连线。

(3) 旋转——以根结点为轴心,将整棵树顺时针旋转一定的角度,使之层次分明。

可以证明,树作这样的转换所构成的二叉树是唯一的。图 5 - 24(a)、(b)、(c)给出了图 5 - 22 所示的一般树转换为二叉树的转换过程示意图。

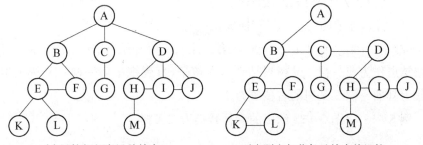

　　(a) 链接相邻亲兄弟结点　　　　　　　(b) 删去与非长子结点的链接

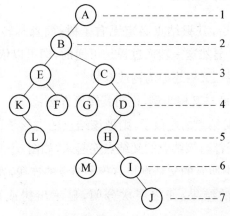

(c) 将兄弟结点顺时针旋转后得到的二叉树

图 5 - 24　一般树转换为二叉树的转换过程示意图

由上面的转换可以得出以下结论：

（1）在转换产生的二叉树中，左分支上的各结点在原来的树中是父子关系；而右分支上的各结点在原来的树中是兄弟关系。

（2）由于树的根结点无兄弟，所以转换后的二叉树的根结点必定无右子树。

（3）一棵树采用长子、兄弟表示法所建立的存储结构与它所对应的二叉树的二叉链表存储结构是完全相同的。

一般树转换为二叉树以后，将使树的深度增加。如图 5 - 24 的树深度为4，转换为二叉树以后，深度就变成了 7。见图 5 - 24(c)。

5.8.3 森林到二叉树的转换

森林是若干棵树的集合。只要将森林中的每一棵树的根视为兄弟，而每一棵树又可以用二叉树表示，这样，森林也同样可以用二叉树来表示。

森林转换为二叉树的方法如下：

（1）将森林中的每一棵树转换成相应的二叉树。

（2）第一棵二叉树保持不动，从第二棵二叉树开始，依次把后一棵二叉树的根结点作为前一棵二叉树根结点的右孩子，直到把最后一棵二叉树的根结点作为其前一棵二叉树的右孩子为止。

例 5 - 5：将图 5 - 25 给出的森林转换为二叉树。

5.8.4 二叉树转换为树和森林

树转换为二叉树以后，其根结点必定无右子树；而森林转换为二叉树以后，其根结点有右分支。显然这一转换过程是可逆的，即可以依据二叉树的根结点有无右子树，将一棵二叉树还原为树或森林。

下面以图 5 - 26(a)的二叉树为例，说明其转换方法：

（1）若某结点是其父结点的左孩子，则把该结点的右孩子、右孩子的右孩子，直到最后一个右孩子都与该结点的父结点连起来，如图 5 - 26(b)；

（2）删掉原二叉树中所有的父结点与右孩子结点的连线，如 5 - 26(c)；

（3）整理（1）、（2）的结果，使之层次分明，显示出树或森林的形状如5 - 26(d)。

图 5 - 26 给出了一棵二叉树还原为森林的过程示意。

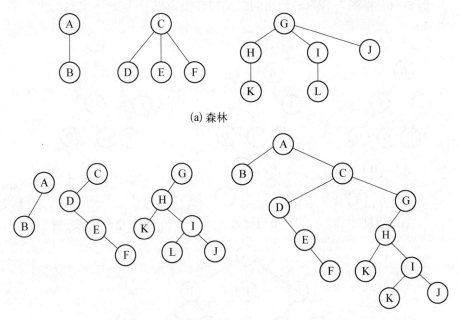

(a) 森林

(b) 森林中每棵树转换为二叉树　　　(c) 所有二叉树连接后的二叉树

图 5－25　森林转换为二叉树的过程示意

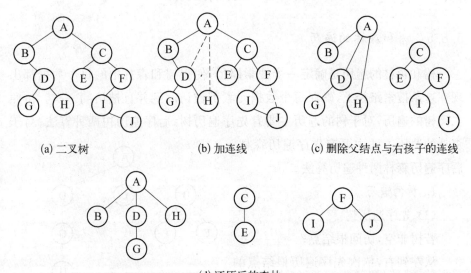

(a) 二叉树　　　　　(b) 加连线　　　　(c) 删除父结点与右孩子的连线

(d) 还原后的森林

图 5－26　二叉树还原森林的过程

例 5–6：将图 5–27(a)给出的二叉树转换为树。

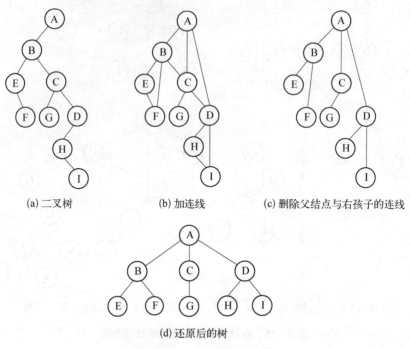

(a) 二叉树　　　　　(b) 加连线　　　　(c) 删除父结点与右孩子的连线

(d) 还原后的树

图 5–27　二叉树转换为树

5.8.5　树和森林的遍历

树和森林的遍历是确定一个搜索路径，使得树和森林中的每个数据都出现在这条搜索路径上，确保每个数据元素都被访问到并且被访问一次。仿照二叉树的遍历，对于树的遍历主要有先序遍历树、后序遍历树两种算法；对于森林的遍历方法主要有先序遍历森林、后序遍历森林两种遍历算法。

1. 树的遍历

（1）先序遍历树

若树非空，访问根结点；

从左到右，依次先序遍历根结点的每一棵子树。如图 5–28 先序遍历：ABEFCDGHIJK。

（2）后序遍历树

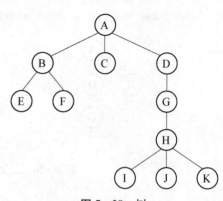

图 5–28　树

若树 T 非空,则:

依次后序遍历根结点的各子树;

访问根结点。

如图 5-28 后序遍历:EFBCIJKHGDA。

(3) 层次遍历树

若树不空,则自上而下自左至右访问树中每个结点。

如图 5-28 层次遍历序列为:ABCDEFGHIJK。

2. 森林的遍历

(1) 前序遍历森林

若森林非空,则:

① 从森林中第一棵树的根结点开始;

② 先序遍历第一棵树中根结点的各子树所构成的森林;

③ 先序遍历除第一棵树外其他树构成的森林。

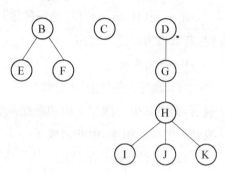

图 5-29　森林

如图 5-29 所示,森林的前序遍历序列为:BEFCDGHIJK。

(2) 后序遍历森林

若森林非空,则:

① 后序遍历森林中第一棵树的根结点的各子树所构成的森林;

② 访问第一棵树的根结点;

③ 后序遍历除第一棵树外其他树构成的森林。

如图 5-29 所示,森林的后序遍历序列为:EFBCIJKHGD。

注意:

由上面森林与二叉树的转换可知,森林的遍历与对应二叉树的关系如下:

前序遍历森林等同于前序遍历该森林对应的二叉树;

后序遍历森林等同于中序遍历该森林对应的二叉树。

5.9　哈夫曼树及其应用

在实际生活和生产应用中,我们往往会遇到综合比较一系列的离散量的问题;比如说车站根据包裹的重量以及旅途的长短来确定携带行李的价格,或者我们根据一定的重量范围来给一箱铁球进行分类。

按一定的顺序(算法)将实际的数据归到相应的类别里。一般情况下,我们所确定的分类标准并不能保证每一类的数据量是平均分配的;也就是说,由于每一类数据出现的概率不同,造成当采用不同的算法时所需的运算次数的不同。当然,在实际生产生活中,我们更希望得到一种最快、最简洁,同时又不会产生歧义的算法。在这个背景下,哈夫曼树以及哈夫曼算法应运而生。

哈夫曼(Haffman)树,是一种带权路径长度最小的二叉树,也称最优二叉树,有着极为广泛的应用。

1. 哈夫曼树几个术语

(1) 森林:森林由 n(n≥2)个二叉树组成,它的遍历可以归结为二叉树的遍历,即以其中一棵二叉树的根结点为森林的"根结点",之后每一个二叉树的根结点都依次相连,由此组成了一个大的二叉树——森林向二叉树的转化。

(2) 路径和路径的长度:从树中的一个结点到另一个结点之间的分支构成这两个结点之间的路径,路径上的分支数目称为路径长度。

(3) 对于一个二叉树,其在第 n 层上的结点到根结点的路径长度为 n−1。

(4) 结点的权:根据应用的需要给树的结点赋的权值。

(5) 结点的带权路径长度:从根结点到该结点的路径长度与该结点权的乘积。

(6) 树的带权路径长度(WPL):树中所有叶子的带权路径长度之和。

(7) 路径长度:从树中的一个结点到另一个结点之间的分支构成两个结点间的路径,路径上的分支数目,称作路径长度。

(8) 树的路径长度:从树根到每个结点的路径长度之和称为树的路径长度。

(9) 结点的带权路径长度:从该结点到树根之间路径长度与该结点上权的乘积。

(10) 树的带权路径长度:树中所有叶子结点的带权路径长度之和,称为树的带权路径长度。

(11) 最优二叉树:带权路径长度最小的二叉树,称为最优二叉树。

2. 如何求树的带权路径长度?

设二叉树具有 n 个带权值的叶结点,那么从根结点到各个叶结点的路径

长度与相应结点权值的乘积之和称为二叉树的带权路径长度,记为:

$$WPL = \sum_{k=1}^{n} W_k \cdot L_k$$

其中:

W_k——为第 k 个叶结点的权值;

L_k——为第 k 个叶结点到根结点的路径长度。

例 5 - 7: 设给定权值分别为 2,3,5,9 的四个结点,图 5 - 30 构造了 5 个形状不同的二叉树。请分别计算它们的带权路径长度。

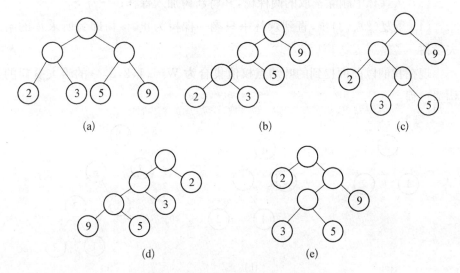

图 5 - 30　构造不同树型二叉树

五棵树的带权路径长度分别为:

(a) WPL=2×2+3×2+5×2+9×2=38

(b) WPL=2×3+3×3+5×2+9×1=34

(c) WPL=2×2+3×3+5×3+9×1=37

(d) WPL=9×3+5×3+3×2+2×1=50

(e) WPL=2×1+3×3+5×3+9×2=44

五个图的叶结点具有相同权值,由于其构成的二叉树形态不同,则它们的带权路径长度也各不相同。其中以图(b)的带权路径长度最小,它的特点是权值越大的叶结点越靠近根结点,而权值越小的叶结点则远离根结点,事实上它就是一棵最优二叉树。由于构成最优二叉树的方法是由 D. Haffman 最早提出的,所以又称为哈夫曼树。

3. 哈夫曼树的定义

1) 哈夫曼树构成的基本思想

假设有 n 个权值,则构造出的哈夫曼树有 n 个叶子结点。n 个权值分别设为 $w_1, w_2, \cdots, w_n$,则哈夫曼树的构造规则为:

(1) 将 $w_1, w_2, \cdots, w_n$ 看成是有 n 棵树的森林(每棵树仅有一个结点);

(2) 在森林中选出两个根结点的权值最小的树合并,作为一棵新树的左、右子树,且新树的根结点权值为其左、右子树根结点权值之和;

(3) 从森林中删除选取的两棵树,并将新树加入森林;

(4) 重复(2)、(3)步,直到森林中只剩一棵树为止,该树即为所求得的哈夫曼树。

现在我们以前面提到的叶结点权值集合为 $W = \{1, 2, 3, 4\}$ 的哈夫曼树的构造过程:

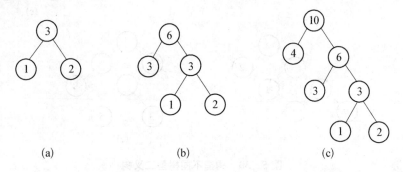

(a)   (b)   (c)

图 5 - 31 哈夫曼树建立过程

(a) 有权值为 1,2,3,4 四棵树。

(b) 由于树 1,2 的权值处于最小和次最小,所以选中,并合成为一棵树,小的权值位于左边,构成一棵二叉树,如图 5 - 31(a),其权值之和为 3。

(c) 从 3,4,(1,2=3) 三棵树里面选择权值最小的和次小的,我们选中 3 和 (1,2) 合成新树 (3,(1,2)=6),构成一棵二叉树,如图 5 - 31(b),其权值之和为 6。

(d) 最后选出新树 (4,(3,(1,2))),构成一棵二叉树,如图 5 - 31(c),其权值之和为 10。

图 5 - 31(c) 即哈夫曼树,带权路径长度为:

$$WPL = 4*1 + 3*2 + 1*3 + 2*3 = 19$$

对于同一组给定叶结点所构造的哈夫曼树,树的形状可能不同,但其带权路径长度值是相同的,而且必定是最小的。

2) 哈夫曼树的构造算法

在构造哈夫曼树时,可以设置一个结构数组,用以保存哈夫曼树中各结点的信息。由二叉树的性质可知,具有 n 个叶结点的哈夫曼树共有 2n−1 个结点,所以 2n−1 即数组所需的存储空间,其结构体形式如下:

weight	lchild	rchild	parent

其中:

weight 域保存结点的权值;

lchild 和 rchild 域分别保存该结点的左、右孩子结点在数组 HTMT 中的序号;

parent 域判定一个结点是否已加入到要建立的哈夫曼树中。初始时 parent 的值为−1,当结点加入到树中时,该结点 parent 的值为其双亲结点在数组 HFMT 中的序号。

构造哈夫曼树时,首先将由 n 个字符形成的 n 个叶结点存放到数组 HEMT 的前 n 个分量中,然后根据哈夫曼方法的基本思想,不断将两个权值最小的子树合并为一个较大的子树,每次构成的新子树的根结点顺序放到 HFMT 数组中的前 n 个分量的后面。

4. 哈夫曼编码

编码和解码:数据压缩过程称为编码。即将文件中的每个字符均转换为一个唯一的二进制位串。

数据解压过程称为解码。即将二进制位串转换为对应的字符。

等长编码方案和变长编码方案:给定的字符集 C,可能存在多种编码方案。

(1) 等长编码方案

等长编码方案将给定字符集 C 中每个字符的码长定为⌈|C|⌉,|C|表示字符集的大小。

例 5-8:设待压缩的数据文件共有 100 000 个字符,这些字符均取自字符集 C={a,b,c,d,e,f},等长编码需要三位二进制数字来表示六个字符,因此,整个文件的编码长度为 300 000 位。

(2) 变长编码方案

变长编码方案将频度高的字符编码设置短,将频度低的字符编码设置较长。

例 5-9:设待压缩的数据文件共有 100 000 个字符,这些字符均取自字符集C={a,b,c,d,e,f},其中每个字符在文件中出现的次数(简称频度)见表 5-1。

表 5-1 字符编码问题

字　　符	a	b	c	d	e	f
频度(单位:千次)	45	13	12	16	9	5
定长编码	000	001	010	011	100	101
变长编码	0	101	100	111	1101	1100

根据计算公式:

$$(45*1+13*3+12*3+16*3+9*4+5*4)*1\,000=224\,000$$

整个文件被编码为 224 000 位,比定长编码方式节约了约 25% 的存储空间。

注意:

变长编码可能使解码产生二义性。产生该问题的原因是某些字符的编码可能与其他字符的编码开始部分(称为前缀)相同。

例 5-10:设 E,T,W 分别编码为 00,01,0001,则解码时无法确定信息串 0001 是 ET 还是 W。

前缀码方案:对字符集进行编码时,要求字符集中任一字符的编码都不是其他字符的编码的前缀,这种编码称为前缀(编)码。例如表 5-1 中如果编码 001011101 可以唯一的分解为 0,0,101,1101,因而其译码为 aabe。

注意:等长编码是前缀码。

最优前缀码:平均码长或文件总长最小的前缀编码称为最优的前缀码。最优的前缀码对文件的压缩效果亦最佳。

$$平均码长 = \sum_{i=1}^{n} p_i l_i$$

其中：

p_i为第 i 个字符的概率，l_i为码长。

例 5 - 11：若将表 5 - 1 所示的文件作为统计的样本，则 a 至 f 六个字符的概率分别为 0.45,0.13,0.12,0.16,0.09,0.05,对变长编码求得的平均码长为 2.24,优于定长编码(平均码长为 3)。

5. 最优前缀编码及其实现

作为哈夫曼树的一个重要应用，我们来介绍哈夫曼编码。前面介绍了建立哈夫曼树的过程，而由哈夫曼树求得的编码为最优前缀码。每个叶子表示的字符的编码，就是从根到叶子的路径上的标号依次相连所形成的编码，显然这就是该字符的最优前缀码。

所谓前缀码是指，对字符集进行编码时，要求字符集中任一字符的编码都不是其他字符的编码的前缀，比如常见的等长编码就是前缀码。所谓最优前缀码是指，平均码长或文件总长最小的前缀编码称为最优的前缀码(这里的平均码长相当于码长的期望值)。

我们知道，变长编码可能使解码产生二义性，而前缀码的出现很好地解决了这个问题。而平均码长相当于二叉树的加权路径长度，从这个意义上说，由哈夫曼树生成的编码一定是最优前缀码，故通常不加区分地将哈夫曼编码也称作最优前缀码。

需要注意的是，由于哈夫曼树建立过程的不唯一性可知，生成的哈夫曼编码也是不唯一的，我们将树中左分支和右分支分别标记为 0 和 1 也造成了哈夫曼编码的不唯一性(当然也可以反过来，将左分支记为 1,右分支记为 0)。

在实际应用中，我们通常采用下列做法：根据各个字符的权值建立一棵哈夫曼树，求得每个字符的哈夫曼编码，有了每个字符的哈夫曼编码，我们就可以制作一个该字符集的哈夫曼编码表。有了字符集的哈夫曼编码表之后，对数据文件的编码过程是：依次读入文件中的字符 c,在哈夫曼编码表 H 中找到此字符，将字符 c 转换为对应的哈夫曼编码串。对压缩后的数据文件进行解码则必须借助于哈夫曼树，其过程是：依次读入文件的二进制码，从哈夫曼树的根结点出发，若当前读入 0,则走向左孩子，否则走向右孩子。一旦到达某一叶子时便译出相应的字符。然后重新从根出发继续译码,直至文件结束。

本 章 小 结

1. 树是一种以分支关系定义的层次结构,除根结点无直接前驱外,其余每个结点有只仅有一个直接前驱,但树中所有结点都可以有多个直接后继。树是一种具有一对多关系的非线性数据结构。

2. 一棵非空的二叉树,每个结点至多有两棵子树,分别称为左子树和右子树,且左右子树的次序不能任意交换。它的左、右子树也都是二叉树。二叉树是本章的重点,必须重点掌握。

3. 要熟悉二叉树和满二叉树、完全二叉树之间的一些基本性质。

4. 二叉树的遍历是指按某种顺序访问二叉树中的所有结点,使得每个结点都被访问,且仅被访问一次。通过一次遍历,使二叉树中结点的非线性排列转变为线性排列。要求熟练掌握二叉树的前序遍历、中序遍历、后序遍历和层次遍历。

5. 二叉树具有顺序存储和链式存储两种存储结构。在顺序存储时,必须按完全二叉树格式存储;在链式存储时,一般每个结点有两个指针域,具有 n 个结点的二叉树共有 2n 个指针,其中指向左、右孩子的指针有 n−1 个,空指针有 n+1 个。

6. 利用二叉树 n+1 个空指针来指示某种遍历次序下的直接前驱和直接结后继,这就是二叉树的线索化。

7. 一般树的存储比较麻烦,但只要将一般树的长子作为左子树,兄弟作为右子树就能方便地将一棵一般树转换为二叉树。要求掌握转换方法。

8. 将算术表达式用二叉树来表示称为标识符树,也称为二叉表示树,利用表识符树的后序遍历可以得到算术表达式的后缀表达式,是二叉树的一种应用。

9. 带权路径长度最小的二叉树称为哈夫曼树,要求能按给出的结点权值的集合,构造哈夫曼树,并求带权路径长度。在程序设计中,对于多分支的判别(各分支出现的频度不同),利用哈夫曼树可以提高程序执行的效率,必须重点掌握。哈夫曼编码在通信中有着广泛的应用,应该有一定的了解。

本 章 习 题

1. 名词解释

   (1) 树

   (2) 二叉树

   (3) 满二叉树

   (4) 完全二叉树

   (5) 线索二叉树

   (6) 哈夫曼树

2. 填空题

   (1) 在二叉树中,指针 p 所指结点为叶子结点的条件是_____。

   (2) 深度为 k 的完全二叉树至少有_____个结点,至多有_____个结点。

   (3) 已知完全二叉树的第七层有 10 个叶子结点,则整个二叉树的结点数最多是_____。

   (4) 深度为 9 层有完全二叉树,第 10 层有_____个结点。

   (5) 设有 30 个权值,用他们构造一棵哈夫曼树,则这棵哈夫曼树共有_____个结点。

   (6) 具有 n 个结点的二叉树中,一共有_____个指针域,其中只有_____个用来指向结点的左右孩子,其余的_____个指针域为 NULL。

   (7) 树的主要遍历方法有_____、_____、_____三种。

   (8) 如果结点 A 有 3 个兄弟,而且 B 是 A 的双亲,则 B 的度是_____。

   (9) 二叉树的先序序列和中序序列相同的条件是_____。

   (10) 若一个二叉树的叶子结点是某子树的中序遍历序列中的最后一个结点,则它必是该子树的_____序列中的最后一个结点。

   (11) 现有按中序遍历二叉树的结果为 ABC,问有_____种不同形态的二叉树可以得到这一遍历结果。

   (12) 以下程序段采用先根遍历方法求二叉树的叶子数,请在横线处填充适当的语句。

   Void countleaf(bitreptr t,int ＊ count)/＊根指针为 t,假定叶子数 count 的初值为 0 ＊/

```
{if(t! =NULL)
    {if((t—>lchild= = NULL) && (t—>rchild= = NULL))
        _____;
    countleaf(t—>lchild, & count);

        _____
    }
}
```

(13) 以下程序是二叉链表树中序遍历的非递归算法,请填空使之完善。二叉树链表的结点类型的定义如下:

typedef struct node / * C 语言/

{char data; struct node * lchild, * rchild;} * bitree;

void vst(bitree bt) / * bt 为根结点的指针 * /

{ bitree p; p=bt; initstack(s); / * 初始化栈 s 为空栈 * /

while(p ‖ ! empty(s)) / * 栈 s 不为空 * / if(p) { push (s,p);

①____ ; } / * P 入栈 * /

else { p=pop(s); printf("%c",p—>data);②_____; } / * 栈顶元素出栈 * / }

(14) 二叉树存储结构同上题,以下程序为求二叉树深度的递归算法,请填空完善之。

int depth(bitree bt) / * bt 为根结点的指针 * /

{int hl,hr; if (bt==NULL) return(①_____);

hl=depth(bt—>lchild); hr=depth(bt—>rchild); if(②_____)

③_____ ;

return(hr+1);}

(15) 将二叉树 bt 中每一个结点的左右子树互换的 C 语言算法如下,其中 ADDQ(Q,bt),DELQ(Q),EMPTY(Q)分别为进队、出队和判别队列是否为空的函数,请填写算法中的空白处,完成其功能。

typedef struct node

{int data; struct node * lchild, * rchild;}btnode;

void EXCHANGE(btnode * bt)

{btnode * p, * q;

```
if (bt){ADDQ(Q,bt);
while(! EMPTY(Q)) {p=DELQ(Q); q=①_____; p->
rchild=②_____; ③_____ =q; if(p->lchild)
④_____; if(p->rchild) ⑤_____;
}
} }
```

3. 单项选择题

(1) 以下说法错误的是(　　　)。

　　A. 树形结构的特点是一个结点可以有多个直接前驱

　　B. 线性结构中的一个结点至多只有一个直接后继

　　C. 树形结构可以表达(组织)更复杂的数据

　　D. 树(及一切树形结构)是一种"分支层次"结构

(2) 下列说法中正确的是(　　　)。

　　A. 任何一棵二叉树中至少有一个结点的度为 2

　　B. 任何一棵二叉树中每个结点的度都为 2

　　C. 任何一棵二叉树中的度肯定等于 2

　　D. 任何一棵二叉树中的度可以小于 2

(3) 树最适合用来表示(　　　)。

　　A. 有序数据元素

　　B. 无序数据元素

　　C. 元素之间具有分支层次关系的数据

　　D. 元素之间无联系的数据

(4) 若一棵二叉树具有 20 个度为 2 的结点,10 个度为 1 的结点,则度为 0 的结点个数是(　　　)。

　　A. 10　　　　　　B. 20　　　　　　C. 21　　　　　　D. 不确定

(5) 一棵完全二叉树上有 100 个结点,其中叶子结点的个数是(　　　)。

　　A. 50

　　C. 25

　　B. 51

　　D. 以上答案都不对

(6) 二叉树的第 I 层上最多含有结点数为(　　　)。

　　A. 2^{I-1}　　　　　B. 2^I　　　　　C. 2^{2I}　　　　　D. 2^I-1

(7) 一棵二叉树高度为 h,所有结点的度或为 0,或为 2,则这棵二叉树最少有( )结点。

  A. 2^{h+1} B. 2^h+1 C. 2^h D. 2^h-1

(8) 利用二叉链表存储树,则根结点的右指针是( )。

  A. 指向最左孩子   B. 指向最右孩子

  C. 空   D. 非空

(9) 已知一棵二叉树的前序遍历结果为 ABCDEF,中序遍历结果为 CBAEDF,则后序遍历的结果为( )。

  A. CBEFDA   B. FEDCBA   C. CBEDFA   D. 不定

(10) 已知某二叉树的后序遍历序列是 dabec,中序遍历序列是 debac,它的前序遍历是( )。

  A. acbed   B. decab   C. deabc   D. cedba

(11) 在二叉树结点的先序序列,中序序列和后序序列中,所有叶子结点的先后顺序( )。

  A. 都不相同   B. 先序和中序相同,而与后序不同

  C. 完全相同   D. 中序和后序相同,而与先序不同

(12) 在完全二叉树中,若一个结点是叶结点,则它没( )。

  A. 左子结点   B. 左子结点和右子结点

  C. 右子结点   D. 左子结点,右子结点和兄弟结点

(13) 由 3 个结点可以构造出多少种不同的二叉树?( )

  A. 2   B. 3   C. 4   D. 5

(14) 一棵有 n 个结点的二叉树,按层次从上到下,同一层从左到右顺序存储在一维数组 A[1..n]中,则二叉树中第 i 个结点(i 从 1 开始用上述方法编号)的右孩子在数组 A 中的位置是( )。

  A. A[2i](2i<=n)   B. A[2i+1](2i+1<=n)

  C. A[i-2]   D. 条件不充分,无法确定

4. 应用题

(1) 树和二叉树之间有什么样的区别与联系?

(2) 一棵度为 2 的树与一棵二叉树有何区别?

(3) 根据二叉树的定义,具有三个节点的二叉树有五种形态,请将他们分别画出。

(4) 假设一棵二叉树的先序序列为 EBADCFHGIKJ,中序序列为

ABCDEFGHIJK,请画出该树。

(5) 将下列树置换为二叉树。

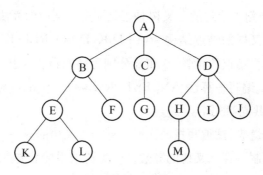

图 5 - 32 树

(6) 将下列二叉树还原为森林。

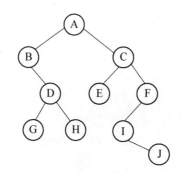

图 5 - 33 二叉树

(7) 以数据集{4,5,6,7,10,12,18}为结点权值,画出构造 Huffman 树的每一步图示,并计算其带权路径长度。

(8) 假设用于通信的电文仅有八个字母组成(a,b,c,d,e,f,g,h),字母在电文中出现的频率分别为:0.07,0.19,0.02,0.06,0.32,0.043,0.21,0.10。试为这 8 个字母设计哈夫曼编码。

5. 算法设计题

(1) 判定一棵二叉树是否为完全二叉树?

(2) 假设给出一个报文:CASTCASTSATATATASA。字符集合{C,A,S,T},各个字符出现的频读次数为 W = {2,7,4,5}。试编写构造

Huffman 编码的算法以及译码的算法。

(3) 设计算法求森林的深度。

(4) 要求二叉树按二叉链表形式存储，

① 写一个建立二叉树的算法。

② 写一个判别给定的二叉树是否是完全二叉树的算法。

(5) 设一棵二叉树的结点结构为(LLINK,INFO,RLINK)，ROOT 为指向该二叉树根结点的指针，p 和 q 分别为指向该二叉树中任意两个结点的指针，试编写一算法 ANCESTOR(ROOT,p,q,r)，该算法找到 p 和 q 的最近共同祖先结点 r。

(6) 有一二叉链表，试编写按层次顺序遍历二叉树的算法。

(7) 试写出复制一棵二叉树的算法。二叉树采用标准链接结构。

第 6 章 图

图(Graph)是一种比线性表和树较复杂的数据结构。在图形结构中，结点之间的关系可以是任意的，任意两个数据元素之间都可能相关。图在各个领域都有着广泛的应用，如电网、网络、交通运输、管理与线路的铺设、车间工作的分配、工程进度的安排、课程表的制订、关系数据库的设计等许多实际问题，如何间接地用图来表示。因此，如何在计算机中表示和处理图结构，是计算机科学需研究的一项重要课题。

6.1　图的定义和术语

图是由两个集合 V 和 E 组成，其中 V 是一个有限且非空的结点(或顶点)集合；E 是由结点(或顶点)偶对组成的集合，这些结点(或顶点)偶对也称作图中的边(或弧)。用 V 和 E 分别表示图 G 的结点(或顶点)集合和边(弧)集合。并把图记作：

$$G = (V, E)$$

1. 无向图(Undigraph)和有向图(Digraph)

(1) 无向图：在图 G 中，如果代表边的结点偶对是无序的，则称图 G 是无向图。

图 6-1 给出了一个无向图的示例 G_1，在该图中，偶对 (v_i, v_j) 表示结点 v_i 和结点 v_j 之间有一条无向直接连线，也称为**边**。

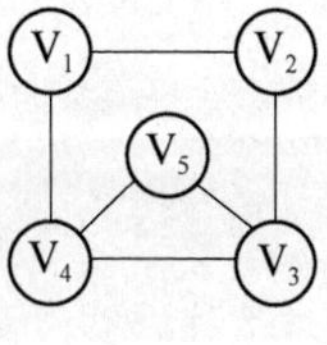

$$G_1 = (V, E)$$

图 6-1　无向图 G_1

$$V=\{V_1,V_2,V_3,V_4,V_5\};$$

$$E=\{(V_1,V_2),(V_1,V_4),(V_2,V_3),(V_3,V_4),(V_3,V_5),(V_4,V_5)\}。$$

图 6-2 有向图 G₂

（2）有向图：在图 G 中，如果代表边的结点偶对是有序的，则称图 G 是有向图。

图 6-2 则是一个有向图的示例 G₂，在该图中，偶对 $<v_i,v_j>$ 表示结点 v_i 和结点 v_j 之间有一条有向直接连线，边也称为弧。其中 v_i 称为**弧尾**，v_j 称为**弧头**。

$$G_2=(V,E)$$

$$V=\{V_1,V_2,V_3,V_4\}$$

$$E=\{<V_1,V_3>,<V_2,V_1>,<V_3,V_2>,<V_4,V_1>,<V_4,V_3>\}$$

2. 完全图（Completed graph）

（1）无向完全图：在一个具有 n 个结点无向图中，如果任意两结点都有一条边相连接，则称该图为无向完全图。可以证明，在一个含有 n 个结点的无向完全图中，有 n(n−1)/2 条边。

（2）有向完全图：在一个具有 n 个结点有向图中，如果任意两结点之间都有方向互为相反的两条弧相连接，则称该图为有向完全图。在一个含有 n 个结点的有向完全图中，有 n(n−1)条弧。

3. 稠密图（dense graph）和稀疏图（sparse graph）

我们称边数很多的图为稠密图；称边数很少的图为稀疏图。

4. 子图（subgraph）

对于图 G=(V,E)和 G′=(V′,E′)，如果满足下列条件：

$$V'\subseteq V,\ E'\subseteq E$$

则称图 G′是 G 的一个子图。图 6-3 给出了 G₁和 G₂的子图。

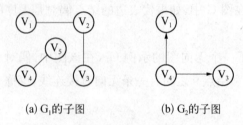

(a) G₁的子图　　　　　(b) G₂的子图

图 6-3　图 G₁和 G₂的两个子图示意

5. 邻接（Adjacency）

在无向图 G=（V,E）中,如果存在边（V,V'）∈E,则称结点 V 和 V' 互为邻接点,即结点 V 和 V' 相邻接。边（V,V'）依附于结点 V 和 V'。

在有向图 G=（V,E）中,如果存在弧 <V,V'> ∈E,也称结点 V 和 V' 互为邻接点,结点 V 为弧头,V' 为弧尾。

6. 结点的度（degree）

在图中,依附于结点 V 的边（或弧）的数目称作结点的度,记 TD(V)。在有向图中,结点度又分**出度**、**入度和度**。出度为一个结点 V 拥有的弧尾的数目,称为该结点的出度,记为 OD(V)；入度为一个结点 V 拥有的弧头的数目,称为该结点的入度,记为 ID(V)；结点 V 度为该结点入度与出度和,即：TD(V)=ID(V)+OD(V)。

在图 6-1 的 G_1 中有：

$TD(V_1)=2$　$TD(V_2)=2$　$TD(V_3)=3$　$TD(V_4)=3$　$TD(V_5)=2$

在图 6-2 的 G_2 中有：

$$ID(V_1)=2\quad OD(V_1)=1\quad TD(V_1)=3$$
$$ID(V_2)=1\quad OD(V_2)=1\quad TD(V_2)=2$$
$$ID(V_3)=2\quad OD(V_3)=1\quad TD(V_3)=3$$
$$ID(V_4)=0\quad OD(V_4)=2\quad TD(V_4)=2$$

可以证明,对于具有 n 个结点、e 条边的图,结点 v_i 的度 $TD(v_i)$ 与结点的个数以及边的数目满足关系：

$$e=\left(\sum_{i=1}^{n}TD(v_i)\right)\Big/2$$

7. 权（weight）

图的边或弧有时具有与它有关的数据信息,这个数据信息称为权。在实际应用中,权值可以有某种含义。比如,在一个反映城市交通线路的图中,边上的权值可以表示该条线路的长度或者等级。

8. 网（network）

在图的边（或弧）上带权的图称为网。网又有无向网和有向网。

9. 路径(path)

在一个图中,若从某结点 V_i 出发,沿一些边经过结点 v_{i1}, v_{i2}, $\cdots$, v_{im} 到达结点 v_j,则称结点序列 $(v_i, v_{i1}, v_{i2}, \cdots, v_{im}, v_j)$ 为从 v_i 到 v_j 的路径。对于有向图,路径也是有方向的。对于无向图,路径长度指的是路径上边的个数;对于有向图,指的是路径上各边的权之和。路径中第一个结点和最后一个结点相同的路径称为回路或环。序列中结点不重复出现和路径称为简单路径,除了第一个结点和最后一个结点之外,其余结点不重复出现的回路,称为简单回路或简单环。

10. 连通图(connected graph)和连通分量(connected component)

在无向图 G 中,若从结点 v_i 到结点 v_j 有路径(当然从 v_j 到 v_i 也一定有路径),则称 v_i 和 v_j 是连通的。若 V 中任意两个不同的结点 v_i 和 v_j 都连通(即有路径),则 G 为连通图。无向图的极大连通子图称为连通分量。图 6-4(a)中有两个连通分量,如图 6-4(b)所示。

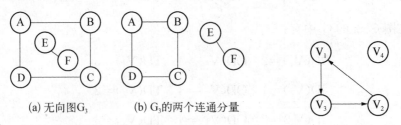

(a) 无向图 G₃   (b) G₃ 的两个连通分量

图 6-4 无向图及连通分量示意   **图 6-5 有向图 G₂ 的两个强连通分量示意**

11. 强连通图、强连通分量

对于有向图来说,若对于 V 中任意两个不同的结点 v_i 和 v_j,都存在从 v_i 到 v_j 以及从 v_j 到 v_i 的路径,则称 G 是强连通图。连通分量:非连通的无向图中的每一个极大连通子图叫连通分量。图 6-2 中有两个强连通分量,分别是 $\{V_1,V_2,V_3\}$ 和 $\{V_4\}$,如图 6-5 所示。

12. 生成树

连通图 G 的一个子图如果是一棵包含 G 的所有结点的树,则该子图称为 G 的生成树(Spanning Tree)。在生成树中添加任意一条属于原图中的边必定会产生回路,因为新添加的边使其所依附的两个结点之间有了第二条路径。若生成树中减少任意一条边,则必然成为非连通的。n 个结点的生成树具有 n-1 条边。

下面列出图的几种基本操作：

(1) CreatGraph(G)输入图 G 的结点和边，建立图 G 的存储。

(2) DFSTraverse(G,V)在图 G 中，从结点 V 出发深度优先遍历图 G。

(3) BFSTtaverse(G,V)在图 G 中，从结点 V 出发广度优先遍历图 G。

6.2　图的存储表示

图的存储结构比较多。对于图的存储结构的选择取决于具体的应用和需要进行的运算。

下面介绍两种常用的图的存储结构。

6.2.1　邻接矩阵

邻接矩阵(Adjacency Matrix)是表示结点之间相邻关系的矩阵。假设图 $G=(V,E)$ 有 n 个结点，即 $V=\{V_0,V_1,\cdots,V_{n-1}\}$，则 G 的邻接矩阵是具有如下性质的 n 阶方阵：

$$a[i][j]=\begin{cases} 1 & 若(v_i,v_j)或<v_i,v_j>是 E 中的边 \\ 0 & 若(v_i,v_j)或<v_i,v_j>不是 E 中的边 \end{cases}$$

若 G 是网，则邻接矩阵可定义为：

$$a[i][j]=\begin{cases} w_{ij} & 若(v_i,v_j)或<v_i,v_j>是 E 中的边 \\ 0 或 \infty & 若(v_i,v_j)或<v_i,v_j>不是 E 中的边 \end{cases}$$

其中，w_{ij} 表示边 (v_i,v_j) 或 $<v_i,v_j>$ 上的权值；∞ 表示一个计算机允许的、大于所有边上权值的数。

用邻接矩阵表示法表示图 G_1 如图 6-6 所示。

$$A=\begin{bmatrix} 0 & 1 & 0 & 1 & 0 \\ 1 & 0 & 1 & 0 & 0 \\ 0 & 1 & 0 & 1 & 1 \\ 1 & 0 & 1 & 0 & 1 \\ 0 & 0 & 1 & 1 & 0 \end{bmatrix}$$

图 6-6　无向图 G_1 的邻接矩阵表示

有向图有邻接矩阵又分为邻接矩阵和逆邻接矩阵。有向图邻接矩阵 $a[i][j]=1(w_{ij})$ 表示弧 $<v_i,v_j>$ 以 v_i 为弧尾,v_j 为弧头的弧。有向图逆邻接矩阵 $a[i][j]=1(w_{ij})$ 表示弧 $<v_i,v_j>$ 以 v_i 为弧头,v_j 为弧尾的弧。如有向图 G_2 的邻接矩阵和逆邻接矩阵为图 6-7(a)和图 6-7(b)所示。

$$A=\begin{bmatrix} 0 & 0 & 1 & 0 \\ 1 & 0 & 0 & 0 \\ 0 & 1 & 0 & 0 \\ 1 & 0 & 1 & 0 \end{bmatrix} \qquad B=\begin{bmatrix} 0 & 1 & 0 & 1 \\ 0 & 0 & 1 & 0 \\ 1 & 0 & 0 & 1 \\ 0 & 0 & 0 & 0 \end{bmatrix}$$

(a) G_2 邻接矩阵　　　　(b) G_2 逆邻接矩阵

图 6-7　G_2 邻接矩阵和逆邻接矩阵

网邻接矩阵 $a[i][j]=w_{ij}$ 或 ∞,其中 w_{ij} 表示边或弧的权值,∞ 表示 $<v_i,v_j>$ 没有边或弧。如图 6-8 所示网的邻接矩阵。

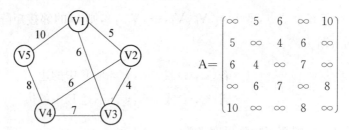

$$A=\begin{bmatrix} \infty & 5 & 6 & \infty & 10 \\ 5 & \infty & 4 & 6 & \infty \\ 6 & 4 & \infty & 7 & \infty \\ \infty & 6 & 7 & \infty & 8 \\ 10 & \infty & \infty & 8 & \infty \end{bmatrix}$$

图 6-8　一个网的邻接矩阵表示

从图的邻接矩阵存储方法容易看出这种表示具有以下性质:

(1)无向图的邻接矩阵非零元素个数是图边的个数 2 倍,且邻接矩阵一定是一个对称矩阵。因此,在具体存放邻接矩阵时只需存放下(或上)三角矩阵的元素即可。

(2)对于无向图,邻接矩阵的第 i 行非零元素(或非 ∞ 元素)的个数正好是第 i 个结点的出度 $OD(v_i)$。第 i 列非零元素(或非 ∞ 元素)的个数正好是第 i 个结点的入度 $ID(v_i)$。

(3)对于无向图,逆邻接矩阵的第 i 行非零元素(或非 ∞ 元素)的个数正好是第 i 个结点的入度 $ID(v_i)$。第 i 列非零元素(或非 ∞ 元素)的个数正好是第 i 个结点的出度 $OD(v_i)$。

下面介绍图的邻接矩阵存储表示。

具体形式描述如下：

```
struct AMGraph
{
    datatype vexs[MAXLEN];        //MAXLEN 表示一个常量
    int edges[MAXLEN][MAXLEN];
    int n,e;
};
```

建立一个图的邻接矩阵存储的算法如下：

```
typedef char datatype;                //结点类型应由用户定义
void CreateAMGraph(AMGraph   * G)
{
    int i=0,j=0,k=0;
    char v1,v2;                      //弧的两个结点
    printf("输入图的结点数：\n");
    scanf("%d",&G->n);
    printf("输入图的边数：\n");
    scanf("%d",&G->e);
    getchar();                       //接收 scanf 的回车符
    printf("输入结点,用大写字母标示(要求第一个顶点是 A),如：A：\n");
    for(i=0;i<G->n;i++)
    {        scanf("%c",&G->vexs[i]);    }
    getchar();                       //接收 scanf 的回车符
    for(i=0;i<G->n;i++)
      for(j=0;j<G->n;j++)
        G->edges[i][j]=0;
      for(k=0;k<G->e;k++)
    {
      printf("输入边结点：\n");
      scanf("%c%c",&v1,&v2);
      getchar();
      i=v1-'A';      j=v2-'A';
```

```
        G—>edges[i][j]=1;
        G—>edges[j][i]=1;
    }
    return;
}
```

6.2.2　邻接表

图的邻接表表示法类似于树的孩子链表表示法。对于图 G 中的每个顶点 v_i,该方法把所有邻接于 v_i 的顶点 v_j 链成一个带头结点的单链表,这个单链表就称为顶点 v_i 的邻接表。

（1）表结点结构

图邻接表中每个表结点均有两个域分别为邻接点域 adjvex 和指针域 next,如果是网邻接表中每个表结点均有三个域分别为邻接点域 adjvex、表示边上的信息(如权值)info 和指针域 next 如图 6 - 9 所示。

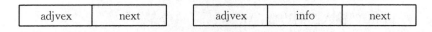

图 6 - 9　邻接表的表结点结构

（2）头结点结构

图结点 v_i 邻接表的头结点包含两个域分别为顶点域 vertex 和指针域 firstedge 如图 6 - 10 所示。

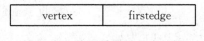

图 6 - 10　邻接表的头结点结构

注意:

① 为了便于随机访问任一顶点的邻接表,将所有头结点顺序存储在一个向量中就构成了图的邻接表表示。

② 有时希望增加对图的顶点数及边数等属性的描述,可将邻接表和这些属性放在一起来描述图的存储结构。

图 6 - 11 给出无向图 6 - 1 对应的邻接表表示。

邻接表表示的形式描述如下:

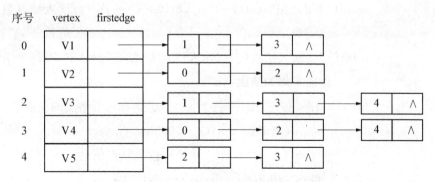

图 6 - 11　图的邻接表表示

| ♯define MAXLEN 10 | //最大结点数为 10 |

```
#define  MAXLEN 10                      //最大结点数为 10
typedef struct node{                    //边表结点
     int adjvex;                        //邻接点域
     struct node   * next;             //指向下一个邻接点的指针域
     //若要表示边上信息,则应增加一个数据域 info
     }EdgeNode;
typedef struct vnode{                   //结点表结点
     VertexType vertex;                 //结点域
     EdgeNode   * firstedge;           //边表头指针
     }VertexNode;
typedef VertexNode AdjList[MAXLEN];     //AdjList 是邻接表类型
typedef struct{
     AdjList adjlist;                   //邻接表
     int n,e;                           //结点数和边数
     }ALGraph;                          //ALGraph 是以邻接表方式存
                                         储的图类型
```

建立一个有向图的邻接表存储的算法如下：

```
 void CreateGraphAL(ALGraph   * G)
 {
     int i,j,k;
     EdgeNode * s;
     printf("请输入结点数和边数(输入格式为:结点数,边数):\n");
```

```
        scanf("%d,%d",&(G->n),&(G->e));    //读入结点数和
                                            边数
        printf("请输入结点信息(输入格式为:结点号<CR>)每个结点
            以回车作为结束:\n");
        for (i=0;i<G->n;i++)      //建立有 n 个结点的结点表
        {       scanf("\n%c",&(G->adjlist[i]. vertex));
                                        //读入结点信息
                G->adjlist[i]. firstedge=NULL;
                                    //结点的边表头指针设为空
        }
        printf("请输入边的信息(输入格式为:i,j): \n");
        for (k=0;k<G->e;k++)     //建立边表
        {       scanf("\n%d,%d",&i,&j);
                                    //读入边<Vi,Vj>的结点对应序号
                s=new EdgeNode;      //生成新边表结点 s
                s->adjvex=j;         //邻接点序号为 j
                s->next=G->adjlist[i]. firstedge;
                                    //将新边表结点 s 插入到结点
                                        Vi 的边表头部
                G->adjlist[i]. firstedge=s;
        }
    }
```

若无向图中有 n 个结点、e 条边,则它的邻接表需 n 个头结点和 2e 个表结点。显然,在边稀疏(e≪n(n-1)/2)的情况下,用邻接表表示图比邻接矩阵节省存储空间,当和边相关的信息较多时更是如此。

在有向图中又分邻接表和逆邻接表,如有向图 6-2 的邻接表和逆邻接表如图 6-12 所示。

在建立邻接表或逆邻接表时,若输入的结点信息即为结点的编号,则建立邻接表的时间复杂度为 O(n+e),否则,需要通过查找才能得到结点在图中位置,则时间复杂度为 O(n·e)。

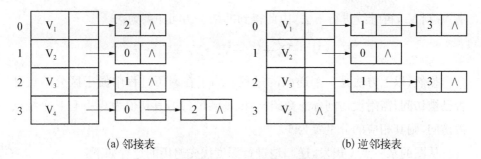

(a) 邻接表　　　　　　　　　　　　(b) 逆邻接表

图 6‑12　图 6‑2 的邻接表和逆邻接表

6.3　图的遍历

所谓图的遍历(traversing graph)是指从图中的某一结点出发,按照某种次序对图中的所有结点访问而且仅访问一次。

图的遍历是图的一种基本操作,本节介绍两种图的遍历方式:深度优先搜索和广度优先搜索。这两种方法既适用于无向图,也适用于有向图。

6.3.1　深度优先搜索

深度优先搜索(Depth Fisrst Search,DFS),它的基本思想是从图中某个结点出发如 V_1 出发,首先访问此结点,然后访问此结点 V_1 的未被访问的邻接点如 V_2,再从 V_2 出发,继续进行深度优先搜索,直到图中所有和 V_1 路径相通的结点都被访问到;若此时图中还有结点未被访问到,则另选一个未被访问的结点作为起始点,重复上面的做法,直至图中所有的结点都被访问。

以图 6‑13 的无向图 G_4 为例,进行图的深度优先搜索。假设从结点 V_1出发进行搜索,在访问了结点 V_1 之后,选择邻接点 V_2。因为 V_2 未曾访问,则从 V_2 出发进行搜索。依次类推,接着从 V_4、V_5 出发进行搜索。在访问了 V_5 之后,由于 V_5 的邻接点都已经被访问,则搜索回到 V_4,由于 V_4 的邻接点也都已经被访问过了,所以继续回退。搜索继续回到 V_2,直至 V_1,此时由于V_1 的另一个邻接点 V_3 未被访问,则搜索又

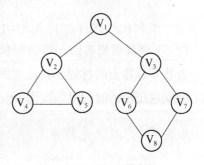

图 6‑13　无向图 G_4

从 V_1 到 V_3，再继续进行下去，由此得到的结点访问序列为：

$$V_1 \rightarrow V_2 \rightarrow V_4 \rightarrow V_5 \rightarrow V_3 \rightarrow V_6 \rightarrow V_8 \rightarrow V_7$$

显然，以上方法是一个递归的过程。为了在遍历过程中便于区分结点是否已被访问，需附设访问标志数组 visited[0:n−1]，其初值为 0，一旦某个结点被访问，则其相应的分量置为 1。

从图的某一点 v 出发，递归地进行深度优先遍历的过程如下：

```
void DFS T(MGraph * G)
{
    int i;
    for(i=0;i<G->n;i++)
        visited[i]=0;
    for(i=0;i<G->n;i++)
        if(! visited[i])
            DFS(G,i);
}
void DFSM(MGraph * G, int i)
{   int j;
    printf("\ ,G->vexs[i]);                    //访问结点 i
    visited[i]=1;
    for(j=0;j<G->n;j++)
        if(G->edges[i][j]==1&&! visited[j])   //找未被访问邻接点
            DFS (G,j);
}
```

注意在一次深度优先遍历时，对无向图只能访问一个连通分量，算法 DFST 确保图所有结点都访问到。因此，遍历图的过程实质上是对每个结点查找其邻接点的过程。其耗费的时间则取决于所采用的存储结构，深度优先搜索遍历图的时间复杂度为 O(n+e)。

6.3.2　广度优先搜索

广度优先搜索(Breadth-First Search, BFS)，基本思想是访问结点 V_1，然

后访问 V_1 的所有未被访问过和邻接点 V_2、V_3,然后再分别从 V_2、V_3 出发依次访问它们的未被访问过和邻接点,如此下去,直到所有访问图中所有结点。图 6-13 的广度优先访问序列为 V_1,V_2,V_3,V_4,V_5,V_6,V_7,V_8。

广度优先遍历算法如下:

```
void BFSTraverseM(MGraph * G)
{    int i;
     for (i=0;i<G->n;i++)
         visited[i]=0;
     for (i=0;i<G->n;i++)
         if (! visited[i])
             BFS(G,i);
}
void BFS(MGraph * G,int k)
{

     int i,j;
     CirQueue Q;
     InitQueue(&Q);
     printf(G->vexs[k]);
     visited[k]=1;
     EnQueue(&Q,k);
     while (! QueueEmpty(&Q))
     {
         i=DeQueue(&Q);
         for (j=0;j<G->n;j++)
             if(G->edges[i][j]==1&&! visited[j])
             {   printf("广度优先遍历结点:%c\n",G->vexs[j]);
                 visited[j]=1;
                 EnQueue(&Q,j);
             }
     }
}
```

和深度优先遍历一样,一次广度优先遍历时,对无向图只能访问一个连通分量,算法 BFST 确保图所有结点被访问到。因此广度优先搜索遍历和深度优先搜索遍历的时间复杂度是相同的,两者不同之处仅仅在于对结点访问的顺序不同。

6.4 图的连通性

本节中我们利用遍历图的算法求解图的连通性问题,并讨论最小代价生成树等问题。

6.4.1 无向图的连通分量和生成树

在对无向图进行遍历时,对于连通图,仅需从图中任一结点出发,进行深度优先(DFS)搜索或广度优先(BFS)搜索,便可访问到图中所有结点。对非连通图,则需多次调用搜索过程进行搜索。如图 G_3 是非连通图而每一次从一个新的起始点出发进行搜索过程中得到的结点访问序列恰为其各个连通分量中的结点集。例如,图 6-14 是一个非连通图 G_3,按照图 6-15 所示 G_3 的邻接表进行深度优先搜索遍历,两次调用 DFS 过程(即分别从结点 A 和 E 出发),得到的结点访问序列为:

ABCD

EF

这两个结点集分别加上所有依附于这些结点的边,便构成了非连通图 G_3 的两个连通分量。

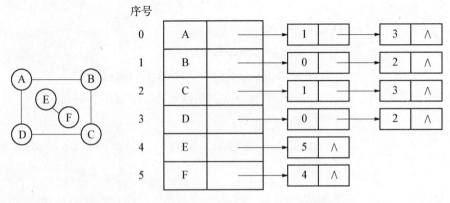

图 6-14　非连通图 G_3　　　　图 6-15　G_3 的邻接表

　　设 E(G)为连通图 G 中所有边的集合,则从图中任一结点出发遍历图时,必定将 E(G)分成两个集合 T(G)和 B(G),其中 T(G)是遍历图过程中历经的边的集合;B(G)是剩余的边的集合。显然,T(G)和图 G 中所有结点一起构成连通图 G 的极小连通子图。按照 6.1 节的定义,它是连通图的一棵生成树,并且由深度优先搜索得到的为深度优先生成树;由广度优先搜索得到的为广度优先生成树。例如,图 6 - 16(a)和(b)所示分别为连通图 G_4 的深度优先生成树和广度优先生成树。图中虚线为集合 B(G)中的边,实线为集合 T(G)中的边。对于非连通图,通过这样的遍历,将得到的是生成森林。例如,图 6 - 16(c)所示为图 G_3 的深度优先生成森林,生成森林由两棵生成树组成。

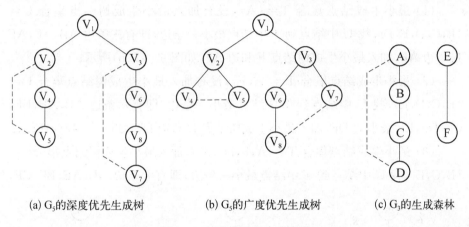

(a) G_5的深度优先生成树　　　　(b) G_5的广度优先生成树　　　　(c) G_3的生成森林

图 6 - 16　生成树和生成森林

6.4.2　最小生成树

　　假设在 n 个城市之间建设通信网络,则连通 n 个城市只需 n−1 条线路。在建立通信网络时,会考虑建设成本问题,如何能在节省经费前提下建立这个通信网络。此问题我们建立模型,用结点表示城市,用边表示两个城市之间建设通信线路,边上权值表示建设费用。现在我们要选择这样一棵生成树,使生成树所有边上权值和最小,即造价最省。这样的生成树我们称为最小生成树。

　　本节介绍关于最小生成树常用两种不同的算法——普里姆(Prim)算法和克鲁斯卡尔(Kruskal)算法。

　　1. 普里姆算法

　　假设 G=(V,E)为一连通网,结点集 V={v_1,v_2,…,v_n},E 为网中所有带

权边的集合。设置两个新的集合 U 和 T,其中集合 U 用于存放 G 的最小生成树中的结点,集合 T 存放 G 的最小生成树中的边。令集合 U 的初值为 U={v₁}(假设构造最小生成树时,从结点 v₁ 出发),集合 T 的初值为 T={}。

普里姆算法的基本思想:从所有 u∈U,v∈V−U 的边中,选取具有最小权值的边(u,v),将结点 v 加入集合 U 中,将边(u,v)加入集合 T 中,如此不断重复,直到 U=V 时,最小生成树构造完毕,这时集合 T 中包含了最小生成树的所有边。

例 6 - 1:求图 6 - 17(a)所示的一个网,按照 Prim 方法,求最小生成树。

解:从结点 A 出发构成最小生成树步骤:

(1) 最小生成结点集合 T={A},没有加入最小生成树结点集合 U={B,C,D,E,F},找 U 中结点到 T 中结点最小一条边,即有三条边 AB,AF,AE 最小边 AF,加入最小生成树结点 F 和边 AF,如图 6 - 17(b)所示;

(2) 最小生成结点集合 T={A,F},没有加入最小生成树结点集合 U={B,C,D,E},找 U 中结点到 T 中结点最小一条边,即有六条边 AB,AE,BF,CF,DF,EF 最小边 DF,加入最小生成树结点 D 和边 DF,如图 6 - 17(c)所示;

(3) 最小生成结点集合 T={A,F,D},没有加入最小生成树结点集合U={B,C,E},找 U 中结点到 T 中结点最小一条边,即有七条边 AB,AE,BF,CF,

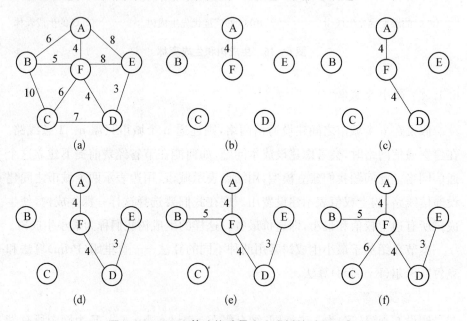

图 6 - 17　**Prim 算法构造最小生成树的过程示意**

CD,DE,EF 最小边 DE,加入最小生成树结点 E 和边 DE,如图 6-17(d)所示;

(4) 最小生成结点集合 T={A,F,D,E},没有加入最小生成树结点集合 U={B,C},找 U 中结点到 T 中结点最小一条边,即有四条边 AB,BF,CF,CD 最小边 BF,加入最小生成树结点 B 和边 BF,如图 6-17(e)所示;

(5) 最小生成结点集合 T={A,F,D,E,B},没有加入最小生成树结点集合 U={C},找 U 中结点到 T 中结点最小一条边,即有四条边 CB,CF,CD 最小边 CF,加入最小生成树结点 C 和边 CF,如图 6-17(f)所示。构成最小生成树。

2. 克鲁斯卡尔(Kruskal)算法

克鲁斯卡尔算法的基本思想:在有 n 结点的网中所有边的按照权值由小到大的排序,不断选取当前未被选取的边集中权值最小的边。加入最小生成树中不构成回路,故反复上述过程,直到选取了 n-1 条边为止,就构成了一棵最小生成树。

例 6-2: 求图 6-18(a)所示的一个网,按照克鲁斯卡尔方法,求最小生成树。

解:

(1) 选择权值最小 3 的边 DE 加入最小生成树不构成回路。如图 6-18(b)所示;

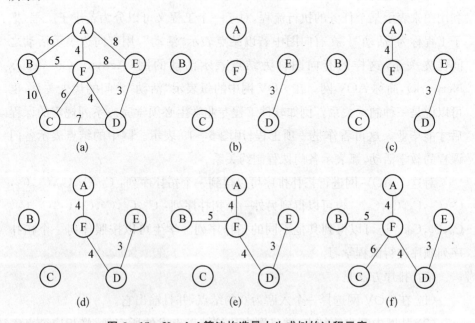

图 6-18 Kruskal 算法构造最小生成树的过程示意

（2）选择权值最小 4 有两条边 AF 和 DF,我们选择 AF(也可以选择 DF)加入最小生成树不构成回路。如图 6 - 18(c)所示;

（3）选择权值最小 4 的边 DF 加入最小生成树不构成回路。如图 6 - 18(d)所示;

（4）选择权值最小 5 的边 BF 加入最小生成树不构成回路。如图 6 - 18(e)所示;

（5）选择权值最小 6 的边 CF 加入最小生成树不构成回路。如图 6 - 18(f)所示,即构成最小生成树。

6.5　有向无环图

一个无环的有向图称为有向无环图（Directed Acycline Graph）,简称 DAG 图,在工程领域中有较多的应用。下面介绍有向无环图在工程中两种常见应用,即拓扑排序和关键路径。

6.5.1　拓扑排序

在现代化管理中,人们常用图来描述和分析一项工程的计划及实施过程,利用图来表示某个任务的执行流程,对于一个工程又可以分为若干子工程,把子工程称为“活动”。在有向图中若以结点表示“活动”,用有向边表示活动之间优先关系,这样的有向图称为结点表示活动的网（Activity On Vertex Network）,简称 AOV 网。在 AOV 网中的弧表示“活动”之间的优先关系,也可以说是一种制约关系。例如软件工程专业学生必须学完一系列规定的课程后才能毕业。这可看作是一项工程,用图 6 - 19 表示。网中的结点表示各门课程的教学活动,弧表示各门课程制约关系。

对这个 AOV 网进行拓扑排序可以得到一个拓扑序列：$C_1, C_2, C_3, C_4, C_5,$ $C_6, C_7, C_8, C_9, C_{10}$。也可以得到另外一个拓扑序列：$C_1, C_5, C_4, C_3, C_2, C_9, C_7,$ C_6, C_8, C_{10}。还可以得到其他不同的拓扑序列。学生可以按照任何一个拓扑序列顺序进行课程学习。

拓扑排序方法是：

（1）在 AOV 网选择一个入席为 0 的结点,并且输出它。

（2）从网中删去该结点,并且删去从该结点出发的所有弧,将相应结点入席减1。

(3) 重复上述两步,直到输出所有结点或剩余结点入度都不为0。

如果所有结点都输出拓扑排序,成功;否则 AOV 网中存在环路(或回路)拓扑排序失败。如果拓扑排序成功,拓扑排序序列并不是唯一的。

课程号	课程名称	先修课程
C_1	高等数学	无
C_2	线性代数	C_1
C_3	普通物理	C_1
C_4	高级语言程序设计	无
C_5	离散数学	C_1
C_6	数据结构	$C_2 C_4 C_5$
C_7	数据库原理	C_3
C_8	数据建模与 UML	$C_6 C_7$
C_9	计算机组成原理	C_3
C_{10}	软件工程	$C_8 C_9$

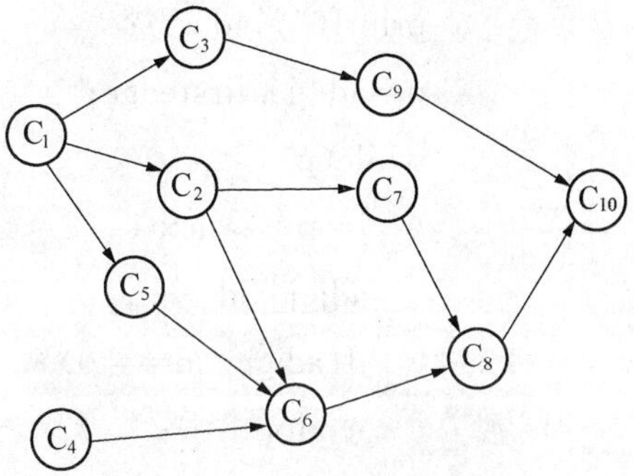

图 6-19 表示课程之间优先关系的 AOV 网

拓扑排序的算法,对于给定有向图,采用邻接矩阵作为存储结构,为每个结点设立一个单链表,每个链表有一个表头结点,这些表头结点构成一个数组,表头结点中增加一个存放结点入度域 id,即将邻接表定义中的 VertexNode 类型修改如下:

```
typedef struct vnode{            //结点表结点
        VertexType  vertex;      //结点域
        int id;                  //存放结点入度值
        EdgeNode   * firstedge;  //边表头指针
        }VertexNode;
```

拓扑排序算法:

```
void TopSort(VertexNode adj[],int n)
{
    int i,j;
    int st[MAXLEN],top=-1;
        EdgeNode * p;
    for(i=0;i<n;i++)
        if(adj[i]. id==0)          //入席为 0 入栈
```

```
        {      top++;
               st[top]=i;
        }
    while(top>-1)                    //栈不为空时循环
    {   i=st[top];top--;             //出栈
        printf("%4d",i);             //输出结点
        p=adj[i]. firstedge;         //找到第一个邻接点
        while(p)
        {   j=p->next;
            adj[j]. id--;
            if(adj[j]. id==0)        //入席为 0 入栈
            {   top++;
                st[top]=j;
            }
            p=p->next;               //换下一个邻接点
        }
    }
}
```

6.5.2 关键路径

在 AOV 网中,结点表示事件,有向边(弧)表示活动,边上的权值表示完成该活动的开销,通常在 AOV 网上列出预定工程计划所需要的活动,每项活动的计划时间,要发生哪件事件,及这些事件和活动的时间的关系。从而分析该项工程是否可行,估算工程的完成时间。哪些活动是影响工程的关键,进一步可以进行人力、物力的调度和分配以达到缩短工期的目的。

如图 6-20 表示的 AOV 网中,有 13 个活动(或子工程),编号 a1~a13,所需的持续时间分别相应地标注,其中事件 V_1(结点 1)为开始事件,事件 V_{10}(结点 10)为终点事件(结束事件),其余各结点表示的事件,在它前面所有活动都完成之后,其后续的各项活动可以开始。

在 AOV 网中从开始事件(结点 1)到终点事件(结点 10)所有路径中,具有最长的路径称为关键路径。完成整个工程的最短时间就是网中关键路径的长

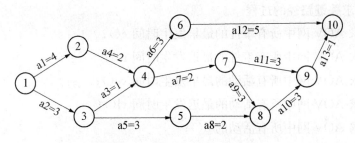

图 6 - 20　AOV 网示例

度,也就是网中关键路径上各项活动持续时间的总和。我们称关键路径上活动为关键活动。

下面给出求关键路径的方法:

(1) 我们用 e(i)表示事件 v_i 最早发生时间,它的递推计算公式为:

$$e(1)=0$$

$$e(k)=\max\{e(j)+<v_j,v_k>上的权值 \mid <v_j,v_k>\in p(k)\}$$

其中,p(k)表示所有以 v_k 为弧尾的弧的集合。

(2) 我们用 l(i)表示事件 v_i 最迟发生时间,它们递推计算公示为:

$$l(n)=e(n)$$

$$l(k)=\min\{l(j)-<v_j,v_k>上权值 \mid <v_j,v_k>\in s(k)\}$$

其中,s(k)表示所有以 v_k 为弧头的弧的集合。

(3) 我们用 ve(i)表示活动 a_i 最早开始时间

活动 a_i 的最早开始时间 ve(i)表示,如果弧 $<v_j,v_k>$ 表示活动 a_i,则有 $ve(i)=e(j)$。

(4) 我们用 $v_l(i)$ 表示活动 a_i 最迟开始时间

活动 a_i 的最迟开始时间 $v_l(i)$ 是该活动和终点所表示的事件最迟发生时间与该活动所需时间之差,如果弧 $<v_j,v_k>$ 表示活动 a_i,则有 $v_l(i)=l(k)-a_i$。

(5) 关键活动

一个活动 a_i 的最迟和最早开始时间差 $d_i=v_l(i)-ve(i)$,是该活动完成的剩余时间。也就是说在不增加完成整个工程所需总时间的情况下,活动 a_i 可能拖延的时间。当一个活动剩余时间为零时,说明该活动必须如期完成,否则就会拖延完成整个工程的进度,所以 $v_l(i)-ve(i)=0$,即 $v_l(i)=ve(i)$ 的活动 a_i 是关键活动。

（6）求关键路径的过程

① 求 AOV 网中所有事件的最早发生时间 e( )；

② 求 AOV 网中所有事件的最迟发生时间 l( )；

③ 求 AOV 网中所有活动的最早发生时间 ve( )；

④ 求 AOV 网中所有活动的最迟发生时间 vl( )；

⑤ 求 AOV 网中所有活动的 d( )；

⑥ 找出所有 d( )为 0 的活动构成关键路径。

例 6 - 3：如图 6 - 20 所示的 AOV 网中的关键路径。

解：（1）求所有事件的最早发生时间：

$e(1)=0$ $\qquad$ $e(2)=4$

$e(3)=3$ $\qquad$ $e(4)=\max(e(2)+2,e(3)+1)=6$

$e(5)=e(3)+3=6$ $\qquad$ $e(6)=e(4)+3=9$

$e(7)=e(4)+2=8$ $\qquad$ $e(8)=\max(e(5)+2,e(7)+3)=11$

$e(9)=\max(e(7)+3,e(8)+3)=14$ $\qquad$ $e(10)=\max(e(6)+5,e(9)+1)=15$

（2）求所有事件的最迟发生时间：

$l(10)=e(10)=15$ $\qquad$ $l(9)=l(10)-1=14$

$l(8)=l(9)-3=11$ $\qquad$ $l(7)=\min(l(9)-3,l(8)-3)=8$

$l(6)=l(10)-5=10$ $\qquad$ $l(5)=l(8)-2=9$

$l(4)=\min(l(7)-2,l(6)-3)=6$ $\qquad$ $l(3)=\min(l(5)-3,ml(4)-1)=5$

$l(2)=l(4)-2=4$ $\qquad$ $l(1)=\min(l(3)-3,Ll(2)-4)=0$

（3）所有活动有最早、最迟开始时间 ve( )、vl( )和最迟与最早开始时间差 d( )

活动 a_1： $ve(1)=e(1)=0$ $\quad$ $vl(1)=l(2)-4=0$ $\quad$ $d(1)=0$

活动 a_2： $ve(2)=e(1)=0$ $\quad$ $vl(2)=l(3)-3=2$ $\quad$ $d(2)=2$

活动 a_3： $ve(3)=e(3)=3$ $\quad$ $vl(3)=l(4)-1=5$ $\quad$ $d(3)=2$

活动 a_4： $ve(4)=e(2)=4$ $\quad$ $vl(4)=l(4)-2=4$ $\quad$ $d(4)=0$

活动 a_5： $ve(5)=e(3)=3$ $\quad$ $vl(5)=l(5)-3=6$ $\quad$ $d(5)=3$

活动 a_6： $ve(6)=e(4)=6$ $\quad$ $vl(6)=l(6)-3=7$ $\quad$ $d(6)=1$

活动 a_7： $ve(7)=e(4)=6$ $\quad$ $vl(7)=l(7)-2=6$ $\quad$ $d(7)=0$

活动 a_8： $ve(8)=e(5)=6$ $\quad$ $vl(8)=l(8)-2=9$ $\quad$ $d(8)=3$

活动 a_9： $ve(9)=e(7)=8$ $\quad$ $vl(9)=l(8)-3=8$ $\quad$ $d(9)=0$

活动 a_{10}：　ve(10)=e(8)=11　　vl(10)=l(9)−3=11　　d(10)=0

活动 a_{11}：　ve(11)=e(7)=8　　vl(11)=l(9)−3=11　　d(11)=3

活动 a_{12}：　ve(12)=e(6)=9　　vl(12)=l(10)−5=10　　d(12)=1

活动 a_{13}：　ve(13)=e(9)=14　　vl(13)=l(10)−1=14　　d(13)=0

从以上计算可以得出，图 6-20 中的关键活动为 a_1，a_4，a_7，a_9，a_{10} 和 a_{13}，这些活动构成了关键路径，如图 6-21 所示。

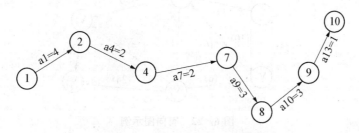

图 6-21　图 6-20 的关键路径

6.6　最短路径

在有向图中，经常会遇到求两个结点之间的最短路径问题。例如，在驾驶汽车中，从城市 A 到城市 B 去，要在城市 A、B 之间找一条最近的通路。如果将城市用结点表示，城市间的公路用边表示，公路的长度则作为边的权值，那么，这个问题就可归结为在网中，求点 A 到点 B 的所有路径中，边的权值之和最短的那一条路径，这条路径就称为两点之间的最短路径。

6.6.1　从单结点到其余结点之间的最短路径

在求某一结点 v_1 到其他结点最短路径的迪杰斯特拉(Dijkstra)算法(为方便描述，我们分别用数组元素 path[v] 和 dist[v] 表示从结点 v_1 到结点 v_i 的最短路径和及对应长度)：

(1) 初始化：对 v_1 以外有各结点 v_i，若 $<v_1,v_i>$ 有弧，则将 $<v_1,v_i>$ 作为 v_1 到 v_i 的最短路径存放在 path[v_i] 中，同时将权值作为对应的路径长度存放到 dist[v_i] 中；否则，路径为空，其对应路径长度为∞。

(2) 从未找到最短路径和结点中，选择一个 dist 值最小的结点，则当前的 path[v] 和 dist[v] 就是结点 v_1 到结点 v_i 的最短路径和最小值。

（3）由于某些结点经过 v_i 可能会比从 v_1 到该结点的距离更近一点，因此，就修改这些结点路径及其长度，即修改 path[v] 和 dist[v] 值。

（4）重复（2）、（3）步骤，直到所有结点最短路径求解完毕。

例 6-4：在图 6-22 所示有向图中，设 V_1 为源点，则从 V_1 出发的路径有（括号里为路径长度）。

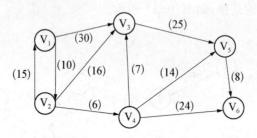

图 6-22　有向图示例

解：图 6-22 带权矩阵 D 为：

$$D=\begin{bmatrix} \infty & 10 & 30 & \infty & \infty & \infty \\ 15 & \infty & 16 & 6 & \infty & \infty \\ \infty & \infty & \infty & \infty & 25 & \infty \\ \infty & \infty & 7 & \infty & 14 & 24 \\ \infty & \infty & \infty & \infty & \infty & 8 \\ \infty & \infty & \infty & \infty & \infty & \infty \end{bmatrix}$$

如对 D 施行迪杰斯特拉算法，则所得从 V_1 结点到其余结点的最短路径，以及运算过程：

终　点		从 V_1 到各终点的 dist 值和最短路径				
V_1	dist[ ] path[ ]	∞	∞	∞	∞	∞
V_2	dist[ ] path[ ]	10 (V_1,V_2)				
V_3	dist[ ] path[ ]	30 (V_1,V_3)	26 (V_1,V_2,V_3)	23 (V_1,V_2,V_4,V_3)		

续 表

终 点		从 V_1 到各终点的 dist 值和最短路径				
V_4	dist[ ]	∞	16			
	path[ ]		(V_1,V_2,V_4)			
V_5	dist[ ]	∞	∞	30	30	
	path[ ]			(V_1,V_2,V_4,V_5)	(V_1,V_2,V_4,V_5)	
V_6	dist[ ]	∞	∞	40	40	38
	path[ ]			(V_1,V_2,V_4,V_6)	(V_1,V_2,V_4,V_6)	(V_1,V_2,V_4,V_5,V_6)
	V_j	V_2	V_4	V_3	V_5	V_6

6.6.2 每一个结点之间的最短路径

求各结点之间的最短路径是指：在给定图 G 中,求每对结点间的最短路径。一种解决方法是,可以利用迪杰斯特拉算法,从图 G 中以每个结点为起点,到其余结点之间的最短路径,其时间复杂度为 $O(n^3)$。另一种解决方法是由弗洛伊德(Floyd)提出的算法,其时间复杂度也为 $O(n^3)$,但形式上简单些。

弗洛伊德算法是通过下列矩阵序列来实现求解：

$$A(0),A(1),A(2),\cdots,A(k),\cdots,A(n)$$

用 A_{ij}^k 表示结点 v_i 到 v_j 的路上所经过结点号不大于 k 时最短路径的长度,A(n)就是要求最终的最短路径的长度。如何求 A(n),我们是通过一系列递推过程来求解的,即由 A(k−1)解出 A(k)(k=1,2,…,n−1)来实现求解。而 A(k−1)求 A(k)需要所有元素。

A_{ij}^k 计算公式为；

$$A_{ij}^k = \begin{cases} A_{ij}^{k-1} & \text{若 } A_{ik}^{k-1} + A_{kj}^{k-1} \geqslant A_{ij}^{k-1} \\ A_{ik}^{k-1} + A_{kj}^{k-1} & \text{若 } A_{ik}^{k-1} + A_{kj}^{k-1} < A_{ij}^k \end{cases}$$

例 6-5：已经图 6-23 所示,采用弗洛伊德算法,求出每对结点到其他结点的最短路径和最短长度。

解：对应邻接矩阵及求解过程为

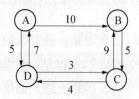

图 6-23 有向图示例

A	A(0)				A(1)				A(2)				A(3)			
	1	2	3	4	1	2	3	4	1	2	3	4	1	2	3	4
1	0	10	∞	5	0	10	∞	5	0	10	15	5	0	10	15	5
2	∞	0	5	∞	∞	0	5	∞	∞	0	5	∞	∞	0	5	9
3	∞	9	0	4	∞	9	0	4	∞	9	0	4	∞	9	0	4
4	7	∞	3	0	7	17	3	0	7	17	3	0	7	12	3	0

Path	Path(0)				Path(1)				Path(2)				Path(3)			
	1	2	3	4	1	2	3	4	1	2	3	4	1	2	3	4
1		AB		AD		AB		AD		AB	ABC	AD		AB	ABC	AD
2			BC				BC				BC				BC	BCD
3		CB		CD		CB		CD		CB		CD		CB		CD
4	DA		DC		DA	DAB	DC		DA	DAB	DC		DA	DCB	DC	

A	A(4)				Path	Path(4)			
	1	2	3	4		1	2	3	4
1	0	10	8	5	1		AB	ABC	AD
2	14	2	5	9	2	BCDA		BC	BCD
3	11	3	0	4	3	CDA	CB		CD
4	7	4	3	0	4	DA	DCB	DC	

　　由上表求出 A 到 B,C,D 的最短距离分别 10,8,5,最短路径是 AB,ADC, AD;B 到 A,C,D 的最短距离分别 14,5,9,最短路径是 BCDA,BC,BCD;C 到 A,B,D 的最短距离分别 11,9,4 最短路径是 CDA,CB,CD;D 到 A,B,C 的最短距离分别 7,12,3 最短路径是 DA,DCB,DC。

本 章 小 结

　　1. 图是一种复杂的数据结构,图中的每一个结点直接前驱和直接后继都没有限定,所以是一种非线性的数据结构。

　　2. 图是由结点的集合和结点间边的集合组成,所以图的存储也包括结点信息和边的信息两个方面,图的存储结构常用的有:邻接矩阵、邻接表等。

3. 图的遍历是从图的某一结点出发,访问图中每个结点一次且仅一次。遍历的基本方法有深度优先遍历和广度优先遍历两种。深度优先遍历类似于树的先序遍历;广度优先遍历类似于树的按层次遍历。

4. 取一个无向连通图的全部结点和一部分边构成一个子图,若其中所有结点仍是连通的,但各边不构成回路,这个子图称为原图的一个生成树,同一个图可以有多个不同的生成树。对于带权的图,其各条边权值之和为最小的生成树即最小生成树。求最小生成树的方法,得到最小生成树中边的次序也可能不同,但最小生成树的权值之和都相同。

5. 对 AOV 网拓扑排序,拓扑排序在工程领域中有广泛应用,主要通过判断是否存在有向回路来判断工程是否能顺利进行,算法时间复杂度取决于图的存储结构。

6. 关键路径问题也是工程领域中的典型应用,用于求出工程所需要的最少时间以及影响工程进度的关键活动。

7. 对于带权的有向图,求从某一结点出发到其余各结点的最短路径(所经过的有向边权值总和最小的路径)或求每一结点之间的最短路径称为最短路径问题。

本 章 习 题

1. 名称解释
   (1) 有向图
   (2) 无向图
   (3) 完全有向图
   (4) 最小生成树

2. 填空题
   (1) 图有:_____、_____ 等存储结构;遍历图有:_____、_____等方法。
   (2) 若图 G 中每条边都_____方向,则 G 为无向图。有 n 条边的无向图邻接矩阵中,1 的个数是_____。
   (3) 若图 G 中每条边都_____方向,则 G 为有向图。有向图的边也称为_____。

(4) 图的邻接矩阵表示法是表示_____之间相邻关系的矩阵。

(5) 有向图 G 用邻接矩阵存储,其第 i 行的所有元素之和等于结点 i 的_____。

(6) n 个结点 e 条边的图若采用邻接矩阵存储,则空间复杂度为:_____。

(7) 设有一稀疏图 G,则 G 采用_____存储比较节省空间;
设有一稠密图 G,则 G 采用_____存储比较节省空间。

(8) 图的逆邻接表存储结构只适用于_____图。

(9) 图的深度优先遍历序列_____唯一的。

(10) n 个结点 e 条边的图采用邻接矩阵存储,深度优先遍历算法的时间复杂度为_____。

(11) n 个结点的完全图有_____条边。

(12) 一个图的生成树的结点是图的_____结点。

(13) 一个图的_____的表示法是唯一的,而_____表示法是不唯一的。

(14) 对具有 n 个顶点的图其生成树有且仅有_____条边,即生成树是图的边数_____的连通图。

(15) 对无向图,若它有 n 顶点 e 条边,则其邻接表中需要_____个结点。其中,_____个结点构成邻接表,_____个结点构成顶点表。

3. 单项选择题

(1) 在一个图中,所有顶点的度数之和等于所有边数的(　　)倍。
　　A. 1/2　　　　　B. 1　　　　　C. 2　　　　　D. 4

(2) 在一个有向图中,所有顶点的入度之和等于所有顶点的出度之和的(　　)倍。
　　A. 1/2　　　　　B. 1　　　　　C. 2　　　　　D. 4

(3) 具有 4 个顶点的无向完全图有(　　)条边。
　　A. 6　　　　　B. 12　　　　　C. 16　　　　　D. 20

(4) 用邻接表表示图进行广度优先遍历时,通常采用(　　)来实现算法的。
　　A. 栈　　　　　B. 队列　　　　　C. 树　　　　　D. 图

(5) 用邻接表表示图进行深度优先遍历时,通常采用(　　)来实现算法的。
　　A. 栈　　　　　B. 队列　　　　　C. 树　　　　　D. 图

(6) 采用邻接表存储的图的深度优先遍历算法类似于二叉树的(　　)。

A. 先序遍历 　　 B. 中序遍历 　　 C. 后序遍历 　　 D. 按层遍历

(7) 采用邻接表存储的图的广度优先遍历算法类似于二叉树的(　　)。

A. 先序遍历 　　 B. 中序遍历 　　 C. 后序遍历 　　 D. 按层遍历

(8) 无向图 $G=(V,E)$,其中:$V=\{a,b,c,d,e,f\}$,$E=\{(a,b),(a,e),$
$(a,c),(b,e),(c,f),(f,d),(e,d)\}$,对该图进行深度优先遍历,得到的
顶点序列正确的是(　　)。

A. a,b,e,c,d,f 　　　　　　 B. a,c,f,e,b,d

C. a,e,b,c,f,d 　　　　　　 D. a,e,d,f,c,b

(9) 在图采用邻接表存储时,求最小生成树的 Prim 算法的时间复杂度为
(　　)。

A. $O(n)$ 　　　 B. $O(n+e)$ 　　 C. $O(n^2)$ 　　 D. $O(n^3)$

(10) 已知有向图 $G=(V,E)$,其中 $V=\{V_1,V_2,V_3,V_4,V_5,V_6,V_7\}$,
$E=\{<V_1,V_2>,<V_1,V_3>,<V_1,V_4>,<V_2,V_5>,<V_3,V_5>,$
$<V_3,V_6>,<V_4,V_6>,<V_5,V_7>,<V_6,V_7>\}$,G 的拓扑序列是
(　　)。

A. $V_1,V_3,V_4,V_6,V_2,V_5,V_7$ 　　　 B. $V_1,V_3,V_2,V_6,V_4,V_5,V_7$

C. $V_1,V_3,V_4,V_5,V_2,V_6,V_7$ 　　　 D. $V_1,V_2,V_5,V_3,V_4,V_6,V_7$

(11) 设有 6 个结点的无向图,该图至少应有(　　)条边能确保是一个连
通图。

A. 5 　　　　　 B. 6 　　　　　 C. 7 　　　　　 D. 8

(12) 以下说法正确的是(　　)。

A. 连通图的生成树,是该连通图的一个极小连通子图

B. 无向图的邻接矩阵是对称的,有向图的邻接矩阵一定是不对称的

C. 任何一个有向图,其全部顶点可以排成一个拓扑序列

D. 有回路的图不能进行拓扑排序

(13) 设有无向图 $G=(V,E)$ 和 $G'=(V',E')$,如 G' 为 G 的生成树,则下面
不正确的说法是(　　)。

A. G' 为 G 的子图

B. G' 为 G 的连通分量

C. G' 为 G 的极小连通子图且 $V'=V$

D. G' 是 G 的无环子图

(14) 以下说法错误的是(　　)。

A. 用相邻矩阵法存储一个图时,在不考虑压缩存储的情况下,所占用的存储空间大小只与图中结点个数有关,而与图的边数无关

B. 邻接表法只能用于有向图的存储,而相邻矩阵法对于有向图和无向图的存储都适用

C. 存储无向图的相邻矩阵是对称的,因此只要存储相邻矩阵的下(或上)三角部分就可以了

D. 用相邻矩阵 A 表示图,判定任意两个结点 V_i 和 V_j 之间是否有长度为 m 的路径相连,则只要检查 A 的第 i 行第 j 列的元素是否为 0 即可

(15) 以下说法正确的是(　　)。

A. 连通分量是无向图中的极小连通子图

B. 强连通分量是有向图中的极大强连通子图

C. 在一个有向图的拓扑序列中,若顶点 a 在顶点 b 之前,则图中必有一条弧 $<a,b>$

D. 对有向图 G,如果从任意顶点出发进行一次深度优先或广度优先搜索能访问到每个顶点,则该图一定是完全图

4. 应用题

(1) 已知图如右所示,画出邻接矩阵和邻接表。

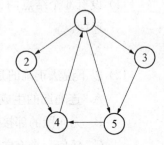

(2) 已知一个无向图的结点集为:$\{a,b,c,d,e\}$,其邻接矩阵如下:

$$\begin{array}{c} a \\ b \\ c \\ d \\ e \end{array} \begin{pmatrix} 0 & 1 & 0 & 1 & 1 \\ 1 & 0 & 0 & 1 & 0 \\ 0 & 0 & 0 & 1 & 1 \\ 1 & 1 & 1 & 0 & 0 \\ 1 & 0 & 1 & 0 & 0 \end{pmatrix}$$

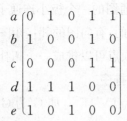

(i) 画出该图的图形;

(ii) 根据邻接矩阵从 a 出发进行深度优先搜索遍历和广度优先搜索遍历,写出相应的遍历序列。

(3) 网 G 的邻接矩阵如下,试画出该图,并分别用 prim 算法和 kruskal 算

法画出它的一棵最小生成树。

$$\begin{pmatrix} 0 & 11 & 0 & 0 & 0 & 6 & 9 \\ 11 & 0 & 16 & 0 & 0 & 0 & 7 \\ 0 & 16 & 0 & 13 & 0 & 0 & 5 \\ 0 & 0 & 13 & 0 & 14 & 0 & 10 \\ 0 & 0 & 0 & 14 & 0 & 9 & 9 \\ 6 & 0 & 0 & 0 & 9 & 0 & 7 \\ 9 & 7 & 5 & 10 & 9 & 7 & 0 \end{pmatrix}$$

（4）写出下图所示的 AOV 网所有拓扑排序序列。

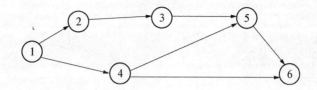

（5）求下图所示的关键事件和关键路径。

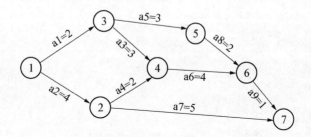

（6）求下列图形结点 1 到其余结点的最短路径。

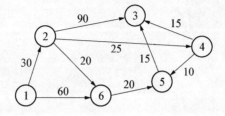

5. 算法题

（1）编写一个无向图的邻接矩阵转换成邻接表的算法。

（2）已知有 n 个结点的有向图邻接表，设计算法分别实现以下功能：

　　　　① 求出图 G 中每个结点的出度、入度。

　　　　② 求出 G 中出度最大的一个结点,输出其结点序号。

　　　　③ 计算图中度为 0 的结点数。

　　(3) 写出建立一个有向图的逆邻接表的算法。

　　(4) 写出将一个无向图的邻接矩阵转换成邻接表的算法。

第7章 查 找

查找又称为检索,是指在某种数据结构中找出满足给定条件的结点。如在图书馆里查找书,学生查询考试成绩等。在查找过程中,通常将待查的数据元素放在一个表,从而形成一个新的数据结构——查找表(Search Table)。

下面,先介绍几个有关查找的基本概念:

(1) 查找表

由同一类型的数据元素(或记录)构成的集合称为查找表。如表7-1所示的学生成绩表。

表7-1 学生成绩表

学 号	姓 名	高数	C语言	英语
⋮	⋮	⋮	⋮	⋮
113347101	房庆华	89	94	92
113347102	丁家宜	77	86	80
113347103	王建军	85	78	85
⋮	⋮	⋮	⋮	⋮
113358003	王建军	89	87	80
⋮	⋮	⋮	⋮	⋮

(2) 对查找表进行的操作:

① 查询某个"特定的"数据元素是否在查找表中;

② 检索某个"特定的"数据元素的属性;

③ 在查找表中插入一个数据元素；

④ 从查找表中删去某个数据元素。

(3) 关键字

数据元素(或记录)中某个数据项的值,用它可以标识数据元素(或记录)称为关键字。如果某个关键字可以唯一地标识一个数据元素(或记录)的关键字称为主关键字(Primary Key)。如表 7-1 中的"学号"。可以标识若干个记录的关键字称为次关键字。如表 7-1 中"姓名",其中王建军就有两位。

(4) 查找

在查找表中确定是否存在一个数据元素的关键字等于给定值的操作,称为查找(也称为检索)。若表中存在这样一个数据元素(或记录),则查找成功;否则,查找失败。如果在查找过程中仅查找某个特定元素是否存在或它的属性,称为静态查找(Static Search Table)。如果在查找过程中对查找表进行插入元素或删除元素操作的,称为动态查找(Dynamic Search Table)。

(5) 内查找和外查找

若整个查找过程全部在内存进行,则称为内查找;若在查找过程中还需要访问外存,则称为外查找。本章仅介绍内查找。

(6) 查找性能分析

通常把对关键字的最多比较次数和平均比较次数作为两个基本的技术指标,前者称为最大查找长度(Maximum Search Length, MSL),后者称为平均查找长度(Average Search Length, ASL)。

(7) 平均查找长度 ASL

查找运算的主要操作是关键字的比较,所以通常把查找过程中对关键字需要执行的平均比较次数(也称为平均查找长度)作为衡量一个查找算法效率优劣的标准。平均查找长度 ASL(Average Search Length)定义为:

对一个含 n 个数据元素的表,查找成功时:$ASL = \sum_{i=1}^{n} P_i \cdot C_i$

其中：P_i 为找到表中第 i 个数据元素的概率,且有：$\sum_{i=1}^{n} P_i = 1$

C_i 为查找表中第 i 个数据元素所用到的比较次数。不同的查找方法有不同的 C_i。

查找是许多程序中最消耗时间的一部分。因此,一个好的查找方法会大大提高查找速度。

7.1 顺序表的查找

顺序表查找是一种简单和常用的查找方法,其问题描述是:设查找表是用一维数来存储,要求在此表中查找出关键字的值为 x 的元素的位置,若查找成功,则返回其位置;否则,返回-1,表示查找不成功。

顺序存储结构定义:

```
typedef  struct{
        elemtype  data;          //记录其他数据
        keytype   key;           //关键字
        }LineList;
```

7.1.1 简单顺序查找

顺序表查找基本思想从表的一端开始,顺序扫描顺序表,依次按给定值 x 与关键字进行比较,若相等,则查找成功,并给出该数据元素在表中的位置;若整个表查找完毕,仍未找到与 x 相同的关键字,则查找失败,给出失败信息。

```
    int  Seq_Search(LineList a[],int n,keytype x)  //n 为顺序表元素
                                                      个数
    {
        i=n;
        a[0]. key=x;                  //设定监视哨
        while(a[i]. key! =x)  i--;
        return i;
    }
```

在查找表元素存储范围是 1~n,但在该算法中利用了元素 a[0],作为监视哨,当查找失败时,肯定会在 a[0]中"找到"该元素,因而返回其下标 0 以表示查找失败。这样设置可以节省时间。

对一个含 n 个数据元素的表,查找成功时,其平均查找长度为:

$$ASL = \sum_{i=1}^{n} P_i \cdot C_i$$

其中，P_i是查找 $a[i]$ 元素的概率，$C_i = n - i + 1$。

设每个数据元素的查找概率相等，即 $P_i = \dfrac{1}{n}$，则等概率情况下有：

$$ASL = \sum_{i=1}^{n} \frac{1}{n} \cdot (n - i + 1) = \frac{n+1}{2}$$

查找不成功时，关键字的比较次数总是 $n+1$ 次。

算法中的基本工作就是关键字的比较，因此，查找长度的量级就是查找算法的时间复杂度 $O(n)$。

顺序查找缺点是当 n 很大时，平均查找长度较大，效率低；优点是对表中数据元素的存储没有要求。另外，对于线性链表，只能进行顺序查找。

7.1.2 有序表的二分查找

在对顺序表查找中，往往顺序表有序（按关键字递增或递减），对此顺序表可以使用一种效率较高的查找方法——二分查找（或折半查找）。

1. 二分查找的方法

在有序表中二分查找过程是：设查找区域首尾元素下标分别用 low 和 high 表示，如初值分别取 1 和 n，待查元素关键字值为 x，取查找区域中间元素（其下标 mid＝(low＋high)/2）关键字进行比较，并做以下处理：

(1) 若 $a[mid].key == x$，表示查找成功，返回 mid 值；

(2) 若 $a[mid].key < x$，说明待查元素只能在区域右边，在区域 mid＋1 和 high 继续查找；

(3) 若 $a[mid].key > x$，说明待查元素只能在区域左边，在区域 low 和 mid－1 继续查找。

若表中存在要查找元素，经过几次上述过程可以很快找到要查找元素，并返回元素下标。否则，low＞high 表示查找失败，返回 0。

例 7－1：有序表按关键字排列如下：

$$2, 7, 15, 20, 28, 31, 40, 49, 56, 64, 72$$

在表中查找关键字为 20 和 50 的数据元素。

(1) 查找关键字为 20 的过程如图 7－1 所示。

(2) 查找关键字为 50 的过程如图 7－2 所示。

查找成功，返回4。

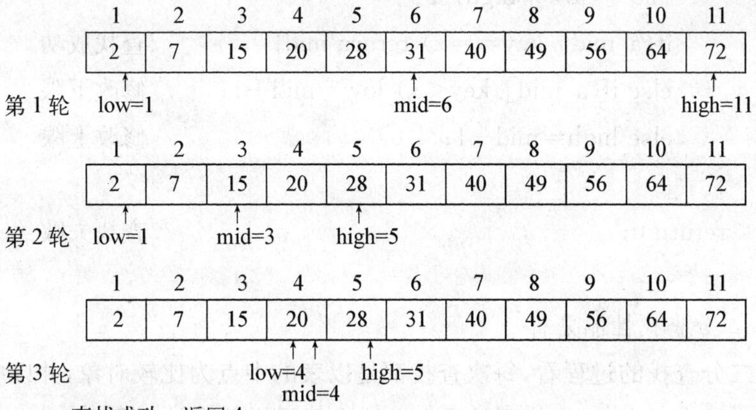

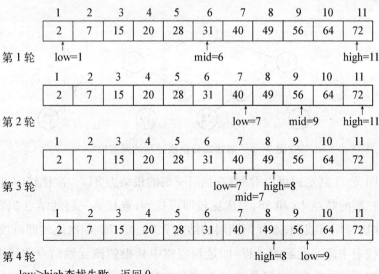

图7-1　在有序表中查找20二分查找过程

low>high查找失败，返回0。

图7-2　在有序表中查找50二分查找过程

2. 二分查找算法

```
int Bin_search(LineList a[],int n,keytype x)        //二分查找
{
    int    low=1,high=n,mid;
    while(low<=high)
    {
```

```
        mid=(low+high)/2;
        if(a[mid]. key==x) return mid;              //查找成功
        else if(a[mid]. key<x) low=mid+1;           //修改下限
        else high=mid-1;                            //修改上限
    }
    return 0;                                       //查找失败
}
```

3. 二分查找性能分析

从二分查找的过程看,每次查找都是以表的中点为比较对象,并以中点将表分割为两个子表,对定位到的子表继续进行同样的操作。所以,对表中每个数据元素的查找过程,可用二叉树来描述,称这个描述查找过程的二叉树称为判定树。

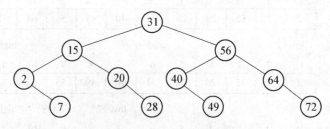

图 7-3　描述二分查找过程的判定树

从图 7-3 判定树可以看到,查找第一层的根结点 31,一次比较即可找到;查找第二层的结点 15 和 56,二次比较即可找到;查找第三层的结点 2、20、40、64,三次比较即可找到;查找第四层的结点 7、28、49、72,四次比较即可找到。

查找表中任一元素的过程,即是判定树中从根到该元素结点路径上各结点关键字的比较次数,也就是该元素结点在树中的层次数。对于 n 个结点的判定树,树高为 k,则有 $2^{k-1}-1<n\leqslant 2^k-1$,即 $k-1<\log_2(n+1)\leqslant k$,所以 $k=\lceil\log_2(n+1)\rceil$。因此,二分查找在查找成功时,所进行的关键字比较次数至多为 $\lceil\log_2(n+1)\rceil$。

现以树高为 k 的满二叉树($n=2^k-1$)为例。假设表中每个元素的查找是等概率的,即 $P_i=\dfrac{1}{n}$,则树的第 i 层有 2^{i-1} 个结点,因此,二分查找的平均查找长度为:

$$ASL = \sum_{i=1}^{n} P_i \cdot C_i = \frac{1}{n}(1 \times 2^0 + 2 \times 2^1 + \cdots + k \times 2^{k-1})$$

$$= \frac{n+1}{n}\log_2(n+1) - 1 \approx \log_2(n+1) - 1$$

所以,二分查找的时间复杂度为:$O(\log_2 n)$。

7.1.3 索引顺序表的查找

索引顺序表的查找也称分块查找,在许多情况下,可能遇到这种数据表,表中元素是没有序(即不递增也不递减),一旦将表中元素的划分成若干块后,每块内的元素可以无序,但是块与块之间有序,这种特性称为分块有序。

对于分块有序表,不能使用二分查找法,针对块与块之间有序特性建立一个索引表,索引表中为每一块设置索引项,每一索引项包括两个部分:该块起始地址和该块最大值(假设块与块之间按元素关键字是递增有序)。如图 7-4 所示。

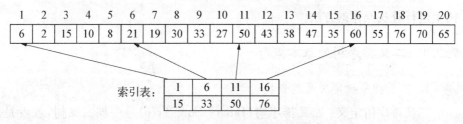

图 7-4 索引表结构示意图

1. 索引顺序表查找算法

索引顺序表的查找分两步进行查找,首先在索引表中确定查找元素所在块,然后在块中用顺序查找法进行查找。由于索引表是有序,在查找块时,可以简单顺序查找,也可以二分查找。但在块中查找只能用简单顺序查找。

例如在图 7-4 所示表中找元素 30 时,首先在索引表中可知在第二块中,即查找区间 6~10,然后在块中进行简单顺序查找。又如找元素 48,因为 33<48<50,元素 48 应该在第三块,查找区域是 11~15,在此区域元素值没有 48,所以查找失败。

2. 索引顺序表查找性能分析

索引顺序表查找由索引表查找和子表查找两步完成。设 n 个数据元素的查找表分为 m 个子表,且每个子表均为 t 个元素,则 $t=n/m$。这样,分块查找的平均查找长度为:

$$ASL = ASL_{索引表} + ALS_{子表} = \frac{1}{2}(m+1)^{\cdot} + \frac{1}{2}\left(\frac{n}{m}+1\right)$$

$$= \frac{1}{2}\left(m+\frac{n}{m}\right)+1$$

可见,平均查找长度不仅和表的总长度 n 有关,而且和所分的子表个数 m 有关。对于表长 n 确定的情况下,当 m 取 $\sqrt{n}$ 时,$ASL = \sqrt{n}+1$ 达到最小值。

7.2 动态查找表

前面介绍的三种查找方法基本上用线性表作为组织形式,特别是有序表的二分查找法效率最高。但对待查表来说需要按照记录关键字进行排序,一般来说是不能经常进行插入和删除操作,因为排序耗时,当有的查找需要对待查找表进行插入或删除操作时,可以采用动态链表结构。本节介绍二叉排序树上进行查找操作的方法。

7.2.1 二叉排序树的基本概念

1. 二叉排序树定义及其查找

二叉排序树定义:二叉排序树(Binary Sort Tree)是一棵二叉树,或者是一棵空树,或者是满足下列性质的二叉树:

(1) 若左子树不空,则左子树上所有结点的值均小于根结点的值;

(2) 若右子树不空,则右子树上所有结点的值均大于根结点的值;

(3) 其左、右子树均为二叉排序树。

图 7-5 所示二叉树是一棵二叉排序树。由二叉排序树定义知,二叉排序树中任意一个结点均为二叉排序树。因此得到二叉排序树一个特性:二叉排序树的中序序列是非递减序列。

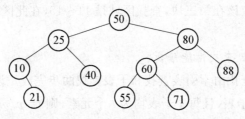

图 7-5 二叉排序树示例

二叉排序树结点的类型定义如下：

```
typedef struct tnode
{   keytype   key;                        //关键字
    datatype data;                        //元素其他值
    typedef struct tnode * lchild,* rchild;   //左右指针域
} BSTNode;
```

（1）二叉排序树查找非递归算法

```
BSTNode * BSTSearch(BSTNode * t, keytype  x)
{
    BSTNode * p=t;
    while(p! =NULL && p->key! =x)
    {
        if(x<p->key)   p=p->lchild; //查找左子树
        else p=p->rchild;              //查找右子树


    }
    return p;                          //若 p 为空指针查找失败,否则
                                       查找成功
}
```

（2）递归算法

```
    BSTNode * BSTSearch(BSTNode * t, keytype  x)
{
    if(p==NULL && p->key==x)
    return t;
    else   if(x<p->key)
                return BSTSearch(p->lchild,x);
          else
                return BSTSearch(p->rchild,x);
}
```

显然二叉排序树查找长度等于该结点的层次数。

2. 二叉排序树的树构造

(1) 二叉排序树中插入结点的实现

二叉排序树的插入原则：

(i) 若二叉树为空,则插入结点为新的根结点。

(ii) 插入结点小于根结点,应该在左子树中插入,通过递归或非递归算法来实现。

(iii) 插入结点大于根结点,应该在右子树中插入,通过递归或非递归算法来实现。

如记录的关键字序列为：50,25,80,40,60,88,71,10,55,21,则构造一棵二叉排序树的过程如图 7-6 所示：

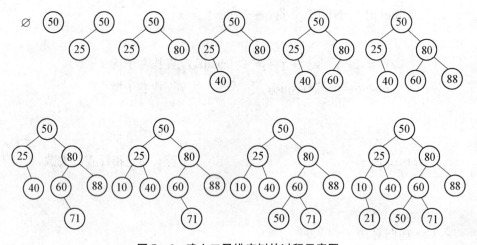

图 7-6　建立二叉排序树的过程示意图

插入算法：

```
void   BSTinsert( BSTNode * &bt, BSTNode * p)
{
    if(bt==NULL)
     bt=p;                              //插入到空树,插入结点为根
                                           结点
    else if (p->key < bt->key)
            BSTinsert(bt->lchild,p);    //插入到 bt 左子树中
        else
```

```
        BSTinsert(bt->rchild,p);     //插入到 bt 右子树中
}
```

（2）二叉排序树的构造

二叉排序有构造可以通过从空树开始，依次插入结点实现。其算法如下：

```
void creat_BST(BSTNode * &bt)
{
    BSTNode * p;
    keytype  x;                      //关键字类型以整形为例
    bt=NULL;
    scanf("%d",&x);                  //输入一个关键字
    while(x! =-99999)                //-99999 表示结点标志
    {   p=new BSTNode;               //产生新结点
        p->key=x;
        p->lchild=p->rchild=NULL;
        BSTinsert(bt,p);
        scanf("%d",&x);              //输入下一个关键字
    }
}
```

3. 二叉排序树删除操作

若要在二叉排序树中删除一个结点，删除之后的二叉排序树仍要保持二叉排序树的特性，这就需要我们从三种情况进行考虑：

（1）删除的结点是叶子结点

将其父结点与该结点相连接的指针设为 NULL。如图 7 - 7 所示要删除结点 10，则只需将其父结点 7 的右指针设为 NULL。

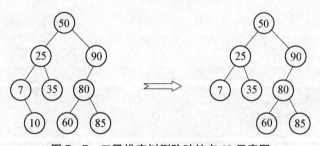

图 7 - 7　二叉排序树删除叶结点 10 示意图

（2）删除的结点只有一棵子树：

将被删除结点的子树向上提升，用子树的根结点取代被删除结点。如图 7-8所示要删除结点 90，则用结点 80 取代结点 90。

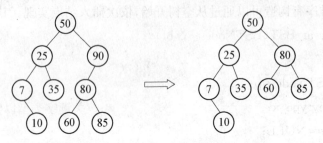

图 7-8　二叉排序树删除叶结点 90 示意图

（3）删除的结点有两棵子树：（两种方法）

（a）中序直接前驱法

将被删除结点的中序遍历的直接前驱结点取代被删除结点。如图 7-9 所示要删除结点 50，则要将中序直接前驱结点 35 取代结点 50。

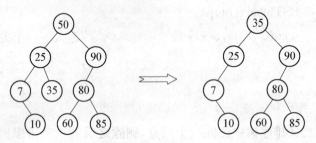

图 7-9　二叉排序树删除叶结点 50 示意图

（b）中序直接后继法

将被删除结点的中序遍历的直接后继结点取代被删除结点。如图 7-10 所示要删除结点 50，则要将中序直接后继结点 60 取代结点 50。

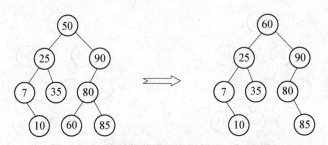

图 7-10　二叉排序树删除叶结点 50 示意图

二叉排序树上删除结点的算法：

```
void BST_Del (BSTNode * &bt, KeyType  x)
{
    BSTNode * parent＝NULL, * p, * q, * child;
    p＝ * bt;
    while(p)                        //查找要删除的结点
    {
        if(p－>key＝＝Key) break;
        parent＝p;
        p＝(x<p－>key)? p－>lchild:p－>rchild;
    }
    if(! p)
    {
        printf("没有找到要删除的结点\n"); return;
    }
    q＝p;
    if(q－>lchild && q－>rchild)  //若左右子树都不为空
        for(parent＝q,p＝q－>rchild;p－>lchild;parent＝p,p＝p－
        >lchild);                    //查找右子树最左端结点
    child＝(p－>lchild)? p－>lchild:p－>rchild;
    if(! parent) * bt＝child;
    else                         //若左右子树至少有一为空
    {
        if(p＝＝parent－>lchild)
            parent－>lchild＝child;
        else parent－>rchild＝child;
        if(p! ＝q)
            q－>key＝p－>key;
    }
    delete(p);
}
```

4. 二叉排序树的查找分析

在二叉排序树上查找其关键字等于给定值结点的过程,恰是走了一条从根结点到该结点的中序遍历过程。含有 n 个结点的二叉树是不唯一的,如何来进行查找分析呢?

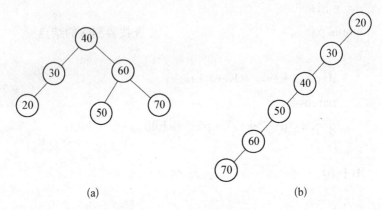

(a)   (b)

图 7 - 11   二叉排序树示意图

例如图 7 - 11 两棵二叉排序树中结点的值都相同,但(a)的深度为 3,而(b)的深度为 6。其等概率平均查找长度分别为:

$$ASL(a) = (1 * 1 + 2 * 2 + 3 * 3)/6 = 14/6$$
$$ASL(b) = (1 * 1 + 2 * 1 + 3 * 1 + 4 * 1 + 5 * 1 + 6 * 1)/6 = 21/6$$

由此可见:在二叉排序树上进行查找的平均查找长度和二叉树的形态有关。

(1) 在最坏情况下,二叉排序树是通过一个有序表的 n 个结点依次插入生成的,此时所得的二叉排序树蜕化为一棵深度为 n 的单支树,它的平均查找长度和单链表的顺序查找相同,也是 $(n+1)/2$。

(2) 在最好情况下,二叉排序树在生成过程中,树的形态比较均匀,其最终得到的是一棵形态与二分查找的判定树相似的二叉排序树,如图 7 - 11(a)所示。

对均匀的二叉排序树进行插入或删除结点后,应对其调整,使其依然保持均匀。

7.2.2   平衡二叉树(AVL 树)

为了使二叉排序树平均查找长度更小,需要让二叉排序树的深度尽可能地小,因此,需要在构造二叉排序树的过程中进行"平衡化"处理,成为平衡二叉树。

1. 平衡二叉树的概念

平衡二叉树定义：平衡二叉树是一棵二叉树，或者是一棵空树，且三页具有下列性质的二叉排序树：它左子树和右子树高度之差的绝对值不超过 1，且左子树和右子树都是平衡二叉树。

由平衡二叉树定义可知，如果一棵平衡二叉树，它每一个结点的左右子树深度之差的绝对值不超过 1。

二叉树的平衡因子定义为该结点的左子树的深度减去右子树的深度值。所以平衡二叉树的平衡因子只能为−1,0 和 1。如图 7 - 12(a)是一棵非平衡二叉树，图 7 - 12(b)是一棵平衡二叉树。

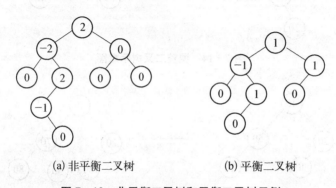

(a) 非平衡二叉树   (b) 平衡二叉树

图 7 - 12   非平衡二叉树和平衡二叉树示例

2. 二叉树平衡化

在平衡二叉树上插入或删除结点后，可能使树失去平衡，如果需要则可以对失去平衡的树进行平衡化调整。如何进行平衡化？两名俄国数学家 G. M. 阿德尔森·维尔斯基(G. M. Adelson-Velsky)和 E. M. 兰迪斯(E. M. Landis)在 1962 年给出经典平衡二叉树调整方法。下面通过实例来加以说明。由关键字 70,50,20,40,30,80,45,60,55 生成一棵平衡二叉排序树。

(1) 按照二叉排序树插入结点 70,50,20 后产生不平衡，通过调整后变成一棵平衡二叉排序树，如图 7 - 13 所示。

(2) 继续插入结点 40,30 后产生不平衡，通过调整后变成一棵平衡二叉排序树，如图 7 - 14 所示。

(3) 继续插入结点 80 后产生不平衡，通过调整后变成一棵平衡二叉排序树，如图 7 - 15 所示。

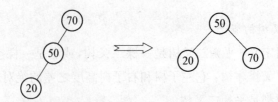

图 7 - 13   调整二叉树示意图

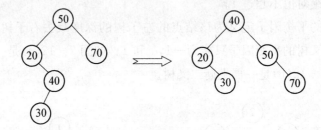

图 7 - 14   调整二叉树示意图

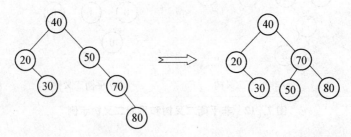

图 7 - 15   调整二叉树示意图

（4）继续插入结点 45,60,55 后产生不平衡,通过调整后变成一棵平衡二叉排序树,如图 7 - 16 所示。

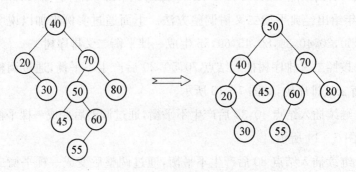

图 7 - 16   调整二叉树示意图

一般二叉树的平衡化,分为 LL 型、LR 型、RR 型和 RL 型 4 种类型来处理,各种类型调整方法如下:

(1) LL 型调整

由于在结点 A 的左子树的左子树上插入一个结点,使原来平衡二叉树变成不平衡二叉树,使结点 A 的平衡因子由 1 增至 2,致使以结点 A 为根的子树失去平衡。可以通过图 7-17 方法进行调整,将以结点 A 为根的二叉树变成平衡二叉树。

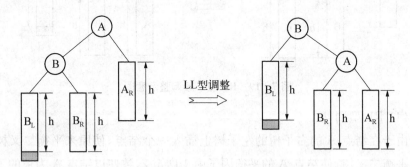

图 7-17 LL 型一般调整示意图

(2) LR 型调整

由于在结点 A 的左子树的右子树上插入一个结点,使原来平衡二叉树变成不平衡二叉树,使结点 A 的平衡因子由 1 增至 2,致使以结点 A 为根的子树失去平衡。可以通过图 7-18 方法进行调整,将以结点 A 为根的二叉树变成平衡二叉树。

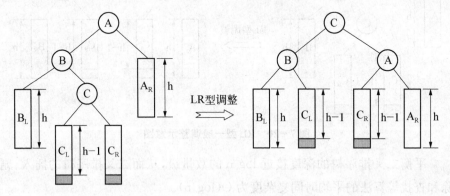

图 7-18 LR 型一般调整示意图

(3) RR 型调整

由于在结点 A 的右子树的右子树上插入一个结点,使原来平衡二叉树变成不平衡二叉树,使结点 A 的平衡因子由 1 增至 2,致使以结点 A 为根的子树失去平衡。可以通过图 7 - 19 方法进行调整,将以结点 A 为根的二叉树变成平衡二叉树。

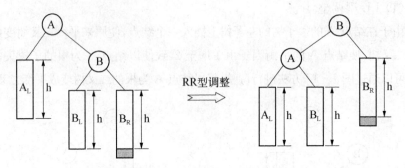

图 7 - 19　RR 型一般调整示意图

（4）RL 型调整

由于在结点 A 的右子树的左子树上插入一个结点,使原来平衡二叉树变成不平衡二叉树,使结点 A 的平衡因子由 1 增至 2,致使以结点 A 为根的子树失去平衡。可以通过图 7 - 20 方法进行调整,将以结点 A 为根的二叉树变成平衡二叉树。

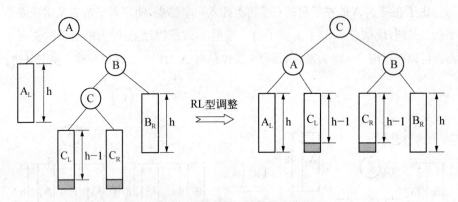

图 7 - 20　RL 型一般调整示意图

平衡二叉排序树的深度接近 $\log_2 n$ 的数量级,从而二叉排序树的插入、删除和查找等算法的平均时间复杂度为 $O(\log_2 n)$。

7.3　散列表的查找

散列表查找又称哈希表（Hash）查找,它不同于前面介绍的几种查找方法,本节将讨论散列表查找的基本概念、构造散列函数和冲突解决方法。

7.3.1 散列表的基本概念

前面两类表的查找方法中,查找的过程都需要依据关键字进行若干次比较判断,确定在数据表中是否存在关键字等于某个给定值的元素在数据表中的位置,在查找过程中只考虑各元素的关键字之间的相对大小,记录在存储结构中的位置和其关键字无直接关系。理想的情况是依据关键字直接得到其对应的数据元素位置,即要求关键字与数据元素间存在一一对应关系,通过这个关系,能很快地由关键字得到对应的数据元素位置。因此,散列表查找法又称哈希查找法。例如表 7-2。某学校在校学生人数统计表中,查找某一年份学生人数,只需要年份减去 1979 就可以找到学生人数,即 H(key)=key−1979。

表 7-2 某学校在校学生人数统计表

	0	1	2	3	4		34	35	36
年份	1980	1981	1982	1983	…	2013	2014	2015
人数	3 256	3 354	3 297	3 362	…	6 466	6 356	6 787

设置一个长度为 m 的表 A,用一个函数 H 把数据集中的 n 结点的关键字转换成 0~m−1 范围内的地址存储,即对于数据集中的任意结点的关键字 key_i 有:

$$0 \leqslant H(key_i) \leqslant m-1 \quad (1 \leqslant i \leqslant n)$$

这样利用函数 H 将数据集中的元素映射到表 A 中,H(key)便是 key 在表中的存储位置。H 是表与元素关键字之间映射关系的函数,称为**散列函数**或哈希函数(HASH)。在理想情况下,散列函数在关键字和地址之间建立一一对应关系,从而查找时只需要一次计算即可找到查找元素。

然而,在许多情况下并非都是理想状态,由于关键字值的随机性,使得这种一一对应关系难以构造。因此会产生不同关键字对应同一地址的情况,即 $k_1 \neq k_2$,但是 H(k_1)=H(k_2),我们称这种现象为冲突。

尽管冲突现象是不可避免的,但是我们希望选择散列函数时尽可能地使元素均匀地散布在表中,从而降低发生冲突可能性。另外,当冲突发生时,还必须有相应解决冲突的方法,所以,散列方法需要解决下面两个问题:一是构造好的散列函数,二是制定解决冲突的方法。

7.3.2 散列函数的构造方法

构造散列函数的方法有很多,但是如何构造一个"好"的散列函数,由此散列函数产生的映射发生冲突可能性较小,从而提高查找效率。常用的散列函数构造方法有以下几种:

1. 直接定址法

$$H(key) = a \cdot key + b \qquad (a,b \text{ 为常数})$$

即取关键字的某个线性函数值为散列地址,这类函数是一一对应函数,不会产生冲突,但要求地址集合与关键字集合大小相同,因此,对于较大的关键字集合不适用。

2. 除留余数法

$$H(key) = key\%p \qquad (p \text{ 是一个素数})$$

即取关键字除以 p 的余数作为散列地址。使用除留余数法,选取合适的 p 很重要,若哈希表表长为 m,则一般要求 p≤m,且接近 m 或等于 m。

3. 平方取中法

对关键字平方后的几位作为散列地址,取位考虑散列表大小,和每一位数字分布。

4. 折叠法

这是对关键字的位数较多(如身份证,银行账号)情况下常采用的方法。

这种方法是将分割几部分位数叠加作为散列存储地址(若超出可以取模运算)。如关键字为 03302123420010　折分为 0330＋2123＋4200＋10＝6663 作为存储地址。

5. 数值分析法

如果事先知道所有关键字的取值,可通过对这些关键字数值进行分析,发现其规律,构造出"好"的散列函数。

7.3.3 处理冲突的方法

在散列表中,虽然冲突很难避免,但是发生冲突的可能性大小,主要与三个因素有关:

（1）装填因子 α。所谓装填因子是指散列表中存入的记录数 n，与散列表地址空间大小 m 的比值，即 α＝n/m(0＜α＜1)，α 越小，冲突可能性就越小；α 越大，冲突可能性就越大。

（2）散列函数。散列函数选择得当，就可能使散列地址尽可能均匀分布在给定的地址空间上，从而减少冲突的发生。否则，就可能使地址聚集中某些区域，加大发生冲突可能。

（3）解决冲突方法。好的解决冲突访方法，可以减少由散列函数发生冲突可能性。

下面介绍几种常用处理冲突方法。

1. 开放定址法

所谓开放定址法，即由关键字得到的散列地址一旦产生了冲突，也就是说，该地址已经存放了数据元素，就去寻找下一个空的散列地址，只要散列表足够大，空的散列地址总能找到，并将数据元素存入。

找空散列地址方法很多，下面介绍两种方法：

（1）线性探测法

$$H_i = (H(key) + d_i)\%m \qquad (1 \leqslant i < m)$$

其中：$H(key)$ 为散列函数，m 为散列表长度，$d_i = i(i=1,2,3,\cdots,m-1)$

例 7 - 2：已知散列地址区间 0～12，散列函数为 $H(key) = key\%13$，采用线性探测法处理冲突，试将元素关键字序列 33,52,40,26,49,45,23,60,17,58 依次存入散列表中，构造出该散列表。

解：

$H(key) = key\%13$，用线性探测法处理冲突，建表如下，如图 7 - 21 所示：

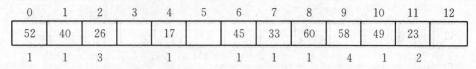

0	1	2	3	4	5	6	7	8	9	10	11	12
52	40	26		17		45	33	60	58	49	23	
1	1	3		1		1	1	1	4	1	2	

图 7 - 21 用线性探测法构建散列表

各元素存放过程如下：

$H(33) = 7$，直接放入地址 7 单元；

$H(52) = 0$，直接放入地址 0 单元；

$H(40) = 1$，直接放入地址 1 单元；

H(26)＝0,地址 0 单元占用,H(26)＝(26％13+1)％13＝1,地址 1 单元占用,H(26)＝(26％13+2)％13＝2,地址单元 2 单元空,放入 2 单元;

H(49)＝10,直接放入地址 10 单元;

H(45)＝6,直接放入地址 6 单元;

H(23)＝10,地址 10 单元占用,H(23)＝(23％13+1)％13＝11,放入地址 11 单元;

H(60)＝8,直接放入地址 7 单元;

H(17)＝4,直接放入地址 4 单元;

H(58)＝6,地址 6 单元占用,H(58)＝(58％13+3)％13＝9,放入地址 9 单元。

成功平均查找长度＝(1×7+2×1+3×1+4×1)/10＝8/5＝1.6

(2) 二次探测法(平方探测)

$$H_i = (H(key) \pm d_i)\%m$$

其中:H(key)为哈希函数,m 为哈希表长度

d_i 为增量序列 $\pm 1^2, \pm 2^2, \cdots, \pm q^2$ 且 $q \leqslant \frac{1}{2}(m-1)$

例 7-3: 已知散列地址区间 0~12,散列函数为 H(key)＝key％13,采用二次探测法处理冲突,试将例 7-2 中数据依次存入散列表中,构造出该散列表,并计算等概率情况下的成功平均查找长度。

解:

H(key)＝key％13,用二次探测法处理冲突,建表如下,如图 7-22 所示:

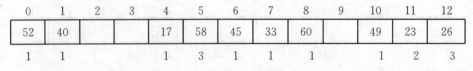

0	1	2	3	4	5	6	7	8	9	10	11	12
52	40			17	58	45	33	60		49	23	26
1	1			1	3	1	1	1		1	2	3

图 7-22 用二次探测法构建散列表

成功平均查找长度＝(1×7+2×1+3×2)/10＝15/10＝1.5

(3) 再探测法

$$H_i = (H_1(key) + i * H_2(key))\%m \qquad (i=1,2,\cdots,m-1)$$

其中：

$H_1(key)$，$H_2(key)$ 是两个散列函数，m 为哈希表长度。

再探测法，先用第一个函数 $H_1(key)$ 对关键字计算散列地址，一旦产生地址冲突，再用第二个函数 $H_2(key)$ 确定移动的步长因子，最后，通过步长因子序列由探测函数寻找空的散列地址。如，$H_1(key)=a$ 时产生地址冲突，就计算 $H_2(key)=b$，则探测的地址序列为

$$H_1 = (a+b)\%m, H_2 = (a+2b)\% m, \cdots, H_{m-1} = (a+(m-1)b)\%m$$

2. 链地址法(拉链法)

链地址法是将所有冲突的关键字记录存储在一个链表中，并将这个链表头指针放在一个数组中。

例 7 - 4：设散列函数为 $H(key)=key\%11$，采用链地址法处理冲突，试将例 7 - 2 中数据依次存入散列表中，构造出该散列表，并计算等概率情况下的成功平均查找长度。

解：用拉链法处理冲突，建表如图 7 - 23。

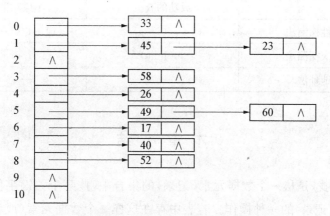

图 7 - 23　用链地址法构建散列表

成功平均查找长度 $=(1\times8+2\times2+3\times1)/10=6/5=1.2$

7.3.4　散列表查找及性能分析

在散列表中查找元素的过程和构造过程基本一致，对给定关键字 k，由散列函数 H 计算出该元素地址 H(k)，若表中位置为空，则表示查找失败。否则，比较关键字，若相等，则表示查找成功；若不等，根据解决冲突处理方法确

定下一个地址,直到找到关键字等于 k 的元素,查找成功,或查找到空位置,查找失败。

例如,在例 7-1 中查找关键字为 26 的元素时,首先 H(26)=26%13=0 单元比较不相等,按照解决冲突方法,继续和 1 单元值比较,也不相等,再继续和 2 单元值比较相等,查找成功,共比较 3 次。又如查找关键字 65 的元素,首先 H(65)=65%13=0 单元比较不相等,继续和 1,2 单元值比较也不相等地,和 3 单元比较时,发现 3 单元是空值,表示此散列表中没有关键字 65 元素,查找失败,共查找 4 次。

一般在选择散列函数和解决冲突方法时,除了考虑到成功平均查找次数,还应当考虑不成功平均查找次数。因此,在设计散列表时可选择装填因子控制散列表的平均查找长度。表 7-3 列出几种不同的方法解决冲突的平均查找长度。

表 7-3　几种不同的方法解决冲突的平均查找长度

解决冲突的方法	平均查找长度	
	成功的查找	不成功的查找
线性探测法	$(1+1/(1-\alpha)/2$	$(1+1/(1-\alpha)^2)/2$
二次探测法	$-\ln(1-\alpha)/\alpha$	$1/(1-\alpha)$
链地址法	$1+\alpha/2$	$\alpha+e^{-\alpha}\approx\alpha$

本 章 小 结

1. 查找,是从一个数据元素(记录)的集合中,按某个关键字值查找特定数据元素(记录)的一种操作。若表中存在这样一个数据元素(或记录),则查找成功;否则,查找失败。

2. 查找可以分为静态查找和动态查找。在查找过程中仅查找某个特定元素是否存在或它的属性,称为静态查找;在查找过程中对查找表进行插入元素或删除元素操作的,称为动态查找。

3. 查找算法的效率,主要看要查找的值与关键字的比较次数,通常用平均查找长度(ASL)来衡量。

4. 顺序查找对查找表无任何要求,查找从表中第一条记录开始,逐条和关键字比较,相等查找成功,查找到最后一记录都不相等,则查找失败。其查找成功的平均查找长度为(n+1)/2,时间复杂度为O(n)。

5. 二分查找要求表中元素必须按关键字有序,其平均查找长度为近似$(\log_2(n+1)-1)$,时间复杂度为O($\log_2 n$)。

6. 分块查找,元素在每块内可以无序,但要求块与块之间必须有序,并建立索引表。对这样查找分两步,其一确定元素所在的数据块,其二在该数据块内进行顺序查找。

7. 二叉排序树是一种有序树,在它上面的查找类似于二分查找的判定树上的查找。这是一种动态查找过程,在查找过程中插入结点,不必移动其他结点,仅需修改指针即可。其查找性能介于二分查找和顺序查找之间。

8. 散列查找是通过构造散列函数来计算关键字存储地址的一种查找方法,时间复杂度为O(1)。

9. 两个不同的关键字,其散列函数值相同,因而得到同一个表的相同地址的现象称为冲突。

本 章 习 题

1. 名词解释

(1) 查找

(2) 散列函数

(3) 冲突

(4) 平衡因子

2. 填空题

(1) 顺序查找法,表中元素可以 _____ 存放。其平均查找长度为:_____。

(2) 二分查找法,表中元素必须按 _____ 存放。

(3) 在分块查找方法中,首先查找 _____,然后再查找相应的 _____。

(4) 在散列函数 H(key)=key%p 中,p 一般应取 _____。

(5) 散列表是按 _____ 存储方式构造的存储结构。

(6) 处理冲突的两类主要方法是 _____ 和 _____。

(7) 顺序查找、二分查找、分块查找都属于 _____ 查找。

(8) 在查找过程中有插入元素或删除元素操作的,称为_____。

(9) 二叉排序树中任意结点的关键字值_____于其左子树中各结点的关键字值;_____于其右子树中各结点的关键字值。

(10) 各结点左右子树深度之差的绝对值至多为_____的二叉树称谓平衡二叉树。

(11) 可以唯一地标识一个记录的关键字称为_____。

(12) 动态查找表和静态查找表的重要区别在于前者包含有_____和_____运算,而后者不包含这两种运算。

(13) 在哈希函数 H(key)=key%p 中,p 值最好取_____。

(14) 如果按关键码值递增的顺序依次将关键码值插入二叉排序树中,则对这样的二叉排序树检索时,平均比较次数为_____。

(15) 已知 N 元整型数组 a 存放 N 个学生的成绩,已按由大到小排序,以下算法是用对分(折半)查找方法统计成绩大于或等于 X 分的学生人数,请填空使之完善。(提示:这时需要找的是最后一个大于等于 X 的下标,若查找成功其下标若为 m,则有 m 个学生成绩大于或等于 X,若查找不成功,若这时 low 所指向的值小于 X,则有 low−1 个学生成绩大于或等于 X,注意这时表中可能不止一个数值为 X 的值,这时我们要查找的是下标最大的)

```
＃define N / * 学生人数 * /
int uprx(int a[N],int x)   / * 函数返回大于等于 X 分的学生人数 * /
  { int low=1,mid,high=N;
       do {mid=(low+high)/2;
           if(x<=a[mid]) ___(1)___ else ___(2)___;
           }while(___(3)___);
  if (a[low]<x) return low−1;
  return low; }
```

3. 单项选择题

(1) 顺序查找法适合于存储结构为( )的线性表。

    A. 散列存储   B. 顺序存储或链接存储

    C. 压缩存储   D. 索引存储

(2) 对线性表进行二分查找时,要求线性表必须( )。

    A. 以顺序方式存储

    B. 以链接方式存储,且结点按关键字有序排序

    C. 以链接方式存储

    D. 以顺序方式存储,且结点按关键字有序排序

(3) 采用顺序查找方法查找长度为 n 的线性表时,每个元素的平均查找长度为(　　)。

    A. n   B. n/2   C. (n+1)/2   D. (n−1)/2

(4) 采用二分查找方法查找长度为 n 的线性表时,每个元素的平均查找长度为(　　)。

    A. $O(n^2)$ B. $O(n\log_2 n)$ C. $O(n)$ D. $O(\log_2 n)$

(5) 如果要求一个线性表既能较快地查找,又能适应动态变化的要求,可以采用(　　)查找方法。

    A. 分块   B. 顺序   C. 二分   D. 散列

(6) 有一个长度为 12 的有序表,按二分查找法对该表进行查找,在表内各元素等概率情况下查找成功所需的平均比较次数为(　　)。

    A. 35/12   B. 37/12   C. 39/12   D. 43/12

(7) 衡量查找算法效率的主要标准是(　　)。

    A. 元素个数   B. 平均查找长度

    C. 所需的存储量   D. 算法难易程度

(8) 顺序查找法适合于存储结构为(　　)的线性表。

    A. 散列存储   B. 顺序存储或链接存储

    C. 缩存储   D. 索引存储

(9) 线性表进行二分查找时,要求线性表必须(　　)。

    A. 以顺序方式存储

    B. 以顺序方式存储,且结点关键字有序排序

    C. 以链接方式存储

    D. 以链接方式存储,且结点关键字有序排序

(10) 有一个有序表为{1,3,9,12,32,41,45,62,75,77,82,95,100},当二分查找值 82 为的结点时,(　　)次比较后查找成功。

    A. 1   B. 2   C. 4   D. 8

(11) 设哈希表长 m=14,哈希函数 H(key)=key%11。表中已有 4 个结

点：addr(15)＝4,addr(38)＝5,addr(61)＝6,addr(84)＝7,其余地址为空。如用二次探测再散列处理冲突,关键字为 49 的结点的地址是（　　）。

　　A. 8　　　　　　B. 3　　　　　　C. 5　　　　　　D. 9

(12) 分块查找时,若线性表中共有 625 个元素,查找每个元素的概率相同,假设采用顺序查找来确定结点所在的块时,每块应分（　　）个结点最佳。

　　A. 10　　　　　　B. 25　　　　　　C. 6　　　　　　D. 625

(13) 采用分块查找时,若线性表中共有 625 个元素,查找每个元素概率相同,假设采用顺序查找来确定结点所在的块时,每块应分（　　）个结点最佳。

　　A. 6　　　　　　B. 10　　　　　　C. 25　　　　　　D. 625

(14) 设有一组记录的关键字为{19,14,23,1,68,20,84,27,55,11,10,79},用链地址法构造散列表,散列函数为 H(key)＝key MOD 13,散列地址为 1 的链中有（　　）个记录。

　　A. 1　　　　　　B. 2　　　　　　C. 3　　　　　　D. 4

(15) 关于哈希查找说法不正确的有几个（　　）。

① 采用链地址法解决冲突时,查找一个元素的时间是相同的;

② 采用链地址法解决冲突时,若插入规定总是在链首,则插入任一个元素的时间是相同的;

③ 用链地址法解决冲突易引起聚集现象;

④ 用哈希法不易产生聚集。

　　A. 1　　　　　　B. 2　　　　　　C. 3　　　　　　D. 4

4. 应用题

(1) 对于给定结点的关键字集合 K＝{35,37,33,31,29,56,44,38,22,30},试构造一棵二叉排序树,且求等概率情况下的平均查找长度 ASL。

(2) 对于给定结点的数据集合 D＝{1,12,5,8,3,10,7,13,9},试构造一棵二叉排序树,且画出在二叉排序树中删除"12"后的树的结构。

(3) 给定结点的关键字序列为:69,34,23,11,28,20,94,47,31,59。
设散列表的长度为 13,散列函数为:H(K)＝K％13。

① 试画出线性探测再散列解决冲突时所构造的散列表,并求出其平均

查找长度；

② 试画出二次探测再散列解决冲突时所构造的散列表,并求出其平均
查找长度；

③ 试画出链地址法解决冲突时所构造的散列表,并求出其平均查找
长度。

(4) 设关键字序列为 JAN,FEB,MAR,APR,MAY,JUN,JUL,AUG,
SEP,OCT,NOV,DEC,AEC 散列函数为 H(k)＝第一个字母序号/4,
如 A 序号为 1。采用线性探测法和链地址法解决,分别构造散列表和
求出其平均查找长度。

5. 算法设计题

(1) 设单链表的结点是按关键字从小到大排列的,试写出对此链表的查找
算法,并说明是否可以采用折半查找。

(2) 设给定的散列表存储空间为 H[0~m−1],每个单元可存放一个记录,
H[i]的初始值为零,选取散列函数为 H(R. key),其中 key 为记录 R 的
关键字,解决冲突的方法为线性探测法,编写一个函数将某记录 R 填
入散列表 H 中。

第 8 章 排 序

8.1 排序的基本概述

1. 排序（Sorting）

将数据元素（或记录）的任意序列，重新排列成一个按关键字有序（递增或递减）的序列过程称为排序。

2. 排序过程中的两种基本操作

（1）比较两个关键字值的大小。

（2）根据比较结果，移动记录的位置。

3. 对关键字排序的三个原则

（1）关键字值为数值型的，按键值大小为依据。

（2）关键字值为 ASCII 码，按键值的内码编排顺序为依据。

（3）关键字值为汉字字符串类型，大多以汉字拼音的字典次序为依据。

4. 排序方法的稳定和不稳定

若对任意的数据元素序列，使用某个排序方法，对它按关键字进行排序，若对原先具有相同键值元素间的位置关系，排序前与排序后保持一致，称此排序方法是稳定的；反之，则称为不稳定的。

例如：对数据键值为：5,3,8,3,6,6,排序。

若排序后的序列为：3,3,5,6,6,8,其相同键值的元素位置依旧是 3 在3前,6 在6前,与排序前保持一致,则表示这种排序法是稳定的;若排序后的序列为：3,3,5,6,6,8,则表示这种排序法是不稳定的。

5. 待排序记录的三种存储方式

（1）待排序记录存放在地址连续的一组存储单元上（类似于线性表的顺序存储结构）。

（2）待排序记录存放在静态链表中（记录之间的次序关系由指针指示，排序不需要移动记录）。

（3）待排序记录存放在一组地址连续的存储单元，同时另设一个指示各个记录存储位置的地址向量，在排序过程中不移动记录本身，而移动地址向量中这些记录的"地址"，在排序结束后，再按照地址向量中的值调整记录的存储位置。

6. 内排序

整个排序过程都在内存中进行的排序称为内排序。

7. 外排序

待排序的数据元素量大，导致内存一次不能容纳全部记录，在排序过程中需要对外存进行访问的排序称为外排序。

限于篇幅，本书仅讨论内排序。关于外排序的内容可参考其他相关数据结构教材。另外，为了便于描述，假设本章所有算法均按递增次序排列。

8.2 插入排序

8.2.1 直接插入排序

1. 基本思想

直接插入排序（Straight Insertion Sort）是一种最简单的排序方法，它的基本操作是将一个记录插到已排序好的有序表中，从而得到一个新记录数增的有序表。

插入前：(1 3 5 8) [2 7 4 9 6]
　　　　 有序　　　 无序

插入后：(1 2 3 5 8) [7 4 9 6]
　　　　　 有序　　　　 无序

例 8 - 1： 输入元素序列为：39,28,55,80,75,6,17,45,28 按从小到大的序列排序。

第一个取 39，作为第一个假设有序的记录，第二个取 28,28<39,则交换，

此后，每取来一个记录就与有序表最后一个关键字比较，若大于或等于最后一个关键字，则插入在其后；若小于最后一个关键字，则把取来的记录再与前一个关键字比较，其过程如图 8 - 1 所示。

```
初始关键字：      (39)    [ 28   55    80    75    6    17    45    28]
i=1
i=2，取出 28   (28    39)   [ 55    80    75    6    17    45    28]

i=3，取出 55   (28    39    55)   [ 80    75    6    17    45    28]

i=4，取出 80   (28    39    55    80)   [ 75    6    17    45    28]

i=5，取出 75   (28    39    55    75    80)   [ 6    17    45    28]

i=6，取出 6    (6    28    39    55    75    80)   [ 17    45    28]

i=7，取出 17   (6    17    28    39    55    75    80)   [ 45    28]

i=8，取出 45   (6    17    28    39    45    55    75    80)   [ 28]

i=9，取出 28   (6    17    28    28    39    45    55    75    80)

    监视哨r[0]
```

图 8-1　直接插入排序过程

排序以后，相同关键字元素的 28 和 28 与排序前的位置保持一致，即 28 仍然在 28 之前，所以直接插入排序方法是稳定的。

监视哨（哨兵）的作用：

（1）在进入确定插入位置的循环之前，保存了插入值 R[i]的副本，避免因记录的移动而丢失 R[i]中的内容。

（2）使内循环结束，以免循环过程中数组下标越界。

2. 算法

```
void Insertsort()
{    for(i=2;i<=L;i++)                //依次插入 R[2],R[3],…R[n]
    {    if(R[i].key<R[i-1].key)
        {    R[0]=R[i];               //置监视哨
            j=i-1;
            while(R[0].key<R[j].key)  //查找 R[i]的位置
            {    R[j+1]=R[j];         //向后移动记录
                j--;
```

```
        }
        R[j+1]=R[0];              //插入 R[0]
    }
  }
}
```

3. 效率分析

空间效率：仅用了一个辅助单元，辅助空间为 O(1)。

时间效率：向有序表中逐个插入记录的操作，进行了 n−1 趟，每趟操作分别比较关键字和移动记录，而比较的次数和移动记录的次数取决于待排序列按关键字的初始排列。

最好情况：即待排序列已按关键字有序，每趟操作只需 1 次比较，2 次移动。

$$总比较次数=n-1 次$$

$$总移动次数=2(n-1)次$$

最坏情况：即第 j 趟操作，插入记录需要同前面的 j 个记录进行 j 次关键字比较，移动记录的次数为 j+2 次。

$$总移动次数 = \sum_{j=1}^{n-1}(j+2) = \frac{1}{2}n(n-1)+2n$$

$$总比较次数 = \sum_{j=1}^{n-1}j = \frac{1}{2}n(n-1)$$

平均情况：即第 j 趟操作，插入记录大约同前面的 j/2 个记录进行关键字比较，移动记录的次数为 j/2+2 次。

$$总比较次数 = \sum_{j=1}^{n-1}\frac{j}{2} = \frac{1}{4}n(n-1) \approx \frac{1}{4}n^2$$

$$总移动次数 = \sum_{j=1}^{n-1}\left(\frac{j}{2}+2\right) = \frac{1}{4}n(n-1)+2n \approx \frac{1}{4}n^2$$

总结：

直接插入排序的时间复杂度为 O(n^2)，辅助空间为 O(1)。

直接插入排序是稳定的排序算法。

直接插入排序最适合待排序关键字基本有序的序列。

8.2.2 希尔排序(Shell Sort)

希尔排序又称"缩小增量排序",也是一种插入排序的方法。

1. 基本思想

先将整个待排序记录序列分割成若干子序列,再依次分别进行直接插入排序,待整个序列中的记录"基本有序时",再对全体记录进行一次直接插入排序。

特点:子序列不是简单的逐段分割,而是将相隔某个"增量"的记录组成一个子序列,所以关键字较小的记录不是一步一步地前移,而是跳跃式前移,从而使得在进行最后一趟增量为1的插入排序时,序列已基本有序,只要做少量比较和移动即可完成排序,时间复杂度较低。

例 8-2:待排序列为:55,30,60,80,70,40,20,<u>40</u>,50,35。

设增量分别取 5、3、1,则排序过程如下:

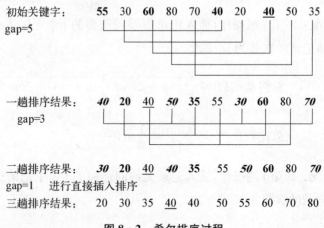

图 8-2 希尔排序过程

排序以后<u>40</u> 排到了 40 的前面去了,改变了排序前的顺序,是不稳定的排序。

2. 算法

```
void Shellsort()
    { gap=n/2;                       //初次增量取序列元素个数 n 的一半为步长
    while(gap>0)
```

```
        {
            for (i=gap+1;i<=n;i++)
            {
            j=i-gap;
            while(j>0)
            {
                if(r[j]>r[j+gap])
                {
                    x=r[j];r[j]=r[j+gap];r[j+gap]=x;
                    j=j-gap;
                }                    //对子序列作直接插入排序
                else j=0;
            }
            }
            gap=gap/2;}              //每次减半,直至步长为一
        }
```

3. 时效分析

希尔排序的分析是一个复杂的问题,因为它的时间是所取"增量"序列的函数,这涉及一些数学上尚未解决的难题。到目前为止尚未求得一种最好的增量序列,有人在大量实验的基础上推出:当 n 在某个特定范围内希尔排序所需的比较和移动次数约为 $n^{1.3}$,所以其平均时间复杂度约为 $O(n^{1.3})$ 。其辅助空间为 $O(1)$ 。

总结:

希尔排序是不稳定的排序方法。

8.3 选择排序

选择排序主要是从待排序列中选取一个关键字值最小的记录,把它与第一个记录交换存储位置,使之成为有序。然后在余下的无序的记录中,再选出关键字最小的记录与无序区中的第一个记录交换位置,又使之成为有序。依次类推,直至完成整个排序。

8.3.1 直接选择排序

1. 基本思想

(1) 初始状态：整个数组 r 划分成两个部分，即有序区（初始为空）和无序区。

(2) 基本操作：从无序中选择关键字值最小的记录，将其与无序区的第一个记录交换（实质是添加到有序区尾部）。

(3) 从初态（有序区为空）开始，重复步骤(2)，直到终态（无序区为空）。

例 8 - 3：初始关键字序列：[53　36　48　36　60　7　18　41]

第一次排序结果：(7) [36　48　36　60　53　18　41]

第二次排序结果：(7　18) [48　36　60　53　36　41]

第三次排序结果：(7　18　36) [48　60　53　36　41]

第四次排序结果：(7　18　36　36) [60　53　48　41]

第五次排序结果：(7　18　36　36　41) [53　48　60]

第六次排序结果：(7　18　36　36　41　48) [53　60]

第七次排序结果：(7　18　36　36　41　48　53) [60]

最后结果：　　7　18　36　36　41　48　53　60

图 8 - 3　简单选择排序过程

2. 算法

```
void Selectsort()
{ for(i=1;i<n;i++)
  {h=i;
   for(j=i+1;j<=n;j++)
   if(R[j]. key<R[h]. key)          //选择关键字值最小的记录
       h=j;
   if(h! =j)
   { R[0]=R[i];R[i]=R[h];R[h]=R[0];}   //交换记录
```

```
    }
}
```

3. 效率分析

简单选择排序比较次数与关键字初始排序无关。

找第一个最小记录需进行 n−1 次比较,找第二个最小记录需要比较 n−2 次,找第 i 个最小记录需要进行 n−i 次比较,总的比较次数为:

$$(n-1)+(n-2)+\cdots+(n-i)+\cdots+2+1=n(n-1)/2=n^2/2$$

时间复杂度:$O(n^2)$

辅助空间:$O(1)$

总结:

简单选择排序是不稳定的排序方法。

8.3.2 堆排序(Heap Sort)

堆排序法是利用堆树(Heap Tree)来进行排序的方法,堆树是一种特殊的二叉树,其具备以下特征:

(1) 是一棵完全二叉树。

(2) 每一个结点的值均大于或等于它的两个子结点的值。

(3) 树根的值是堆树中最大的。

如图 8−4 所示,图(a)是堆树,图(b)则不是。

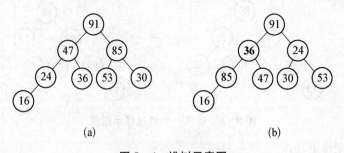

图 8−4 堆树示意图

1. 基本思想

(1) 把用数组来存储待排序的数据,转换成一棵完全二叉树。

(2) 将完全二叉树转换成堆树。

(3) 有了堆树后,我们便开始排序。

例 8-4：输入数据序列为：80,13,6,88,27,75,42,69,分析其堆排序的过程。

(1)　　位置(i)　　　　1　2　3　4　5　6　7　8
　　一维数据中的数据　80　13　6　88　27　75　42　69

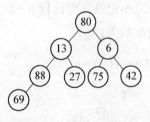

对于任一位置,若父结点的位置为i,则它的两个子结点分别位于2i和2i+1。所以根据数组中的数据画出如图8-5的完全二叉树表示：

(2) 建堆过程

(a) 从数组中间开始调整。

(b) 找出此父结点的两个子结点的较大者,再与父结点比较,若父结点小,则交换。然后以交换后的子结点作为新的父结点,重复此步骤直到没有子结点。

图 8-5　建堆开始完全二叉树

(c) 把步骤(b)中原来的父结点的位置往前推一个位置,作为新的父结点。重复步骤(b),直到树根。整个过程如图 8-6 所示。

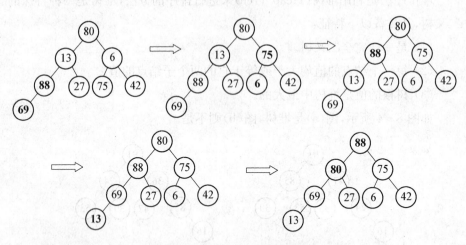

图 8-6　建第一个堆过程示意图

(3) 实现堆排序

实现堆排序要解决的一个问题：即输出堆顶元素后,怎样调整剩余 n-1 个元素,使其按关键码成为一个新堆。

调整方法：设有 m 个元素的堆,输出堆顶元素后,剩下 m-1 个元素。将堆底元素送入堆顶,堆被破坏,其原因仅是根结点不满足堆的性质。将根结点与左、右子女中较大的进行交换。若与左子女交换,则左子树堆被破坏,且仅左子树的根结点不满足堆的性质;若与右子女交换,则右子树堆被破坏,且仅右子树的根结点不满足堆的性质。继续对不满足堆性质的子树进行上述交换操作,直到叶子结点,堆被建成。称这个自根结点到叶子结点的调整过程为筛选。其过程如图 8-7 所示。

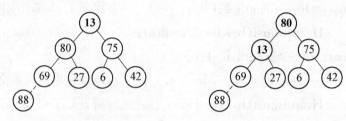

(a) 输出堆顶后,将堆底13送入堆顶   (b) 堆被破坏,根结点与左子女交换

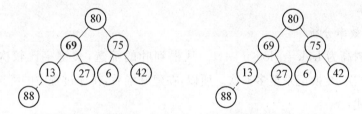

(c) 左子树不满足堆,其根与左孩子交换   (d) 堆已建成

图 8-7　建堆示意图

继续相同步骤,最后只剩下树根,完成整个堆排序过程。

2. 算法

```
void HeapAdjust(S_TBL * h,int s,int m)
{//a[s…m]中的记录关键码除 a[s]外均满足堆的定义,本函数将对第 s
个结点为根的子树筛选,使其成为大顶堆
    ac=h->a[s];
    foa(j=2*s;j<=m;j=j*2)           //沿关键码较大的子女结点
                                       向下筛选
    {   if(j<m&&h->a[j].key<h->a[j+1].key)
            j=j+1;                   //为关键码较大的元素下标
        if(ac.key<h->a[j].key)  baeak; //ac 应插入在位置 s 上
        h->a[s]=h->a[j]; s=j;        //使 s 结点满足堆定义
```

```
        }
        h—>a[s]=ac;                          //插入
    }

void HeapSoat(S_TBL * h)
{   foa(i=h—>length/2;i>0;i——)         //将 a[1..length]建成堆
        HeapAdjust(h,i,h—>length);
    foa(i=h—>length;i>1;i——)
    {   h—>a[1]<——>h—>a[i];             //堆顶与堆低元素交换
        HeapAdjust(h,1,i—1);             //将 a[1..i—1]重新调整为堆
    }
}
```

3. 效率分析

设树高为 k,k=$\lfloor \log_2 n \rfloor$+1。从根到叶的筛选,关键字比较次数至多 2(k−1)次,交换记录至多 k 次。所以,在建好堆后,排序过程中的筛选次数不超过下式:

$$2(\lfloor \log_2(n-1) \rfloor + \lfloor \log_2(n-2) \rfloor + \cdots + \lfloor \log_2 2 \rfloor) < 2n\log_2 n.$$

而建堆时的比较次数不超过 4n 次,因此堆排序最坏情况下,时间复杂度也为 $O(n\log_2 n)$。

8.4 交换排序

8.4.1 冒泡排序(Bubble Sort)

1. 基本思想

冒泡法也称沉底法,每相邻两个记录关键字比大小,大的记录往下沉。每一遍把最后一个下沉的位置记下,下一遍只需检查比较到此为止;当所有记录都不发生下沉时,整个过程结束(每交换一次,记录减少一个反序数)。

例 8 - 5:一个数组存有 83,16,9,96,27,75,42,69,34 等 9 个值,在开始时 83 与 16 互相比较,因 83>16,所以两元素互换,然后 83>9,83 与 9 互换,接

着 83<96,所以不变,然后互换的元素有(96,27),(96,75),(96,42),(96,69),
(96,34),所以在第一趟排序结束时找到最大的值 96,把它放在最下面的位置,
过程如表 8-1 所示。

表 8-1 一趟冒泡排序过程

比较次数 \ 移动次数	第一次	第二次	第三次	第四次	第五次	第六次	第七次	第八次	第九次
1	**83**	16	16	16	16	16	16	16	16
2	**16**	**83**	9	9	9	9	9	9	9
3	9	**9**	**83**	83	83	83	83	83	83
4	96	96	**96**	**27**	27	27	27	27	27
5	27	27	27	**96**	**75**	75	75	75	75
6	75	75	75	75	**96**	**42**	42	42	42
7	42	42	42	42	42	**96**	**69**	69	69
8	69	69	69	69	69	69	**96**	**34**	34
9	34	34	34	34	34	34	34	**96**	96

表格中粗体字表示正在比较。

重复每一趟排序都会将最大的一个元素放在工作区域的最低位置,且每
趟排序的工作区域都比前一趟排序少一个元素,如此重复直至没有互换产生
才停止,如表 8-2 所示。

表 8-2 冒泡排序过程

	Pass1 (第一趟)	Pass2 (第二趟)	Pass3 (第三趟)	Pass4 (第四趟)	Pass5 (第五趟)
83	.16	9	9	9	9
16	9	16	16	16	16
9	83	27	27	27	27
96	27	75	42	42	34
27	75	42	69	34	42

续　表

	Pass1 （第一趟）	Pass2 （第二趟）	Pass3 （第三趟）	Pass4 （第四趟）	Pass5 （第五趟）
75	42	69	34	69	69
42	69	34	75	75	75
69	34	83	83	83	83
34	96	96	96	96	96

2. 算法

```
void Bubblesort()
{ for(i=1;i<L;i++)
  {   for(j=L;j>=i+1;j--)
      if(R[j]. key<R[j-1]. key)          //小则交换
      { R[0]. key=R[j]. key;
        R[j]. key=R[j-1]. key;
        R[j-1]. key=R[0]. key;
      }
  }
}
```

3. 效率分析

空间效率：仅用了一个辅助单元，空间复杂度为 O(1)。

时间效率：总共要进行 n−1 趟冒泡，对 j 个记录的表进行一趟冒泡需要 j−1 次关键字的比较。

移动次数：

$$总比较次数 = \sum_{j=2}^{n}(j-1) = \frac{1}{2}n(n-1)$$

最好情况下：待排序列已有序，不需移动。

最坏情况下：每次比较后均要进行三次移动，移动次数 $= \sum_{j=2}^{n}3(j-1) = \frac{3}{2}n(n-1)$

时间复杂度为：$O(n^2)$。

总结：

冒泡排序是一种稳定排序。

8.4.2 快速排序（Quick Sort）

1. 基本思想

就排序时间而言，快速排序被认为是一种最好的内部排序方法。通过一趟快速排序将待排序的记录组分割成独立的两部分，其中前一部分记录的关键字均比枢轴记录的关键字小；后一部分记录的关键字均比枢轴记录的关键字大，枢轴记录得到了它在整个序列中的最终位置并被存放好，这个过程称为一趟快速排序。第二趟再分别对分割成两部分子序列，再进行快速排序，这两部分子序列中的枢轴记录也得到了最终在序列中的位置而被存放好，并且它们又分别分割出独立的两个子序列……显然，这是一个递归的过程，不断进行下去，直到每个待排序的子序列中只有一个记录时为止，整个排序过程结束。快速排序是对冒泡排序的一种改进。

这里有个问题，就是如何把一个记录组分成两个部分？通常是以序列中第一个记录的关键字值作为枢轴记录。

2. 具体做法

设待排序列的下界和上界分别为 low 和 high，R[low]是枢轴记录，一趟快速排序的具体过程如下：

（1）首先将 R[low]中的记录保存到 pivot 变量中，用两个整型变量 i,j 分别指向 low 和 high 所在位置上的记录；

（2）先从 j 所指的记录起自右向左逐一将关键字和 pivot. key 进行比较，当找到第 1 个关键字小于 pivot. key 的记录时，将此记录复制到 i 所指的位置上去；

（3）然后从 i+1 所指的记录起自左向右逐一将关键字和 pivot. key 进行比较，当找到第 1 个关键字大于 pivot. key 的记录时，将该记录复制到 j 所指的位置上去；

（4）接着再从 j-1 所指的记录重复以上的（2）、（3）两步，直到 i=j 为止，此时将 pivot 中的记录放回到 i(或 j)的位置上。一趟快速排序完成。

例 8 - 6： 对数据序列：70,75,69,32,88,18,16,58 进行快速排序。

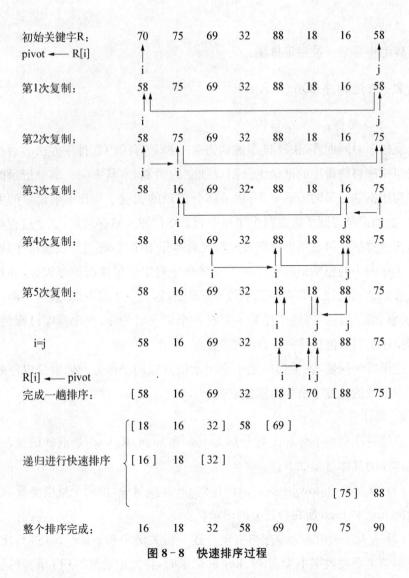

图 8-8 快速排序过程

3. 算法

```
int Partition(int i,int j)          //i、j 为形参,分别代表 low 和 high
{ RecType pivot=R[i];
    while(i<j)                      //从表的两端交替地向中间扫描
    { while(i<j&&R[j]. key>=pivot. key)
        j——;
      if(i<j)
```

```
        R[i++]=R[j];
    while(i<j&&R[i].key<=pivot.key)
        i++;
    if(i<j)
        R[j--]=R[i];
    }
    R[i]=pivot;
    return i;
}
```

```
void QuickSort(int low,int high)          //递归形式的快排序
{   int pivotpos,k;
    if(low<high)
    {   pivotpos=Partition(low,high);     //调用 Partition(low,high)函数
        QuickSort(low,pivotpos-1);        //对低子表递归排序
        QuickSort(pivotpos+1,high);       //对高子表递归排序
    }
}
```

4. 效率分析

空间效率：快速排序是递归的，每层递归调用时的指针和参数均要用栈来存放，递归调用层次数与上述二叉树的深度一致。因而，存储开销在理想情况下为 $O(\log_2 n)$，即树的高度；在最坏情况下，即二叉树是一个单链，为 $O(n)$。

时间效率：在 n 个记录的待排序列中，一次划分需要约 n 次关键字比较，时效为 $O(n)$，若设 $T(n)$ 为对 n 个记录的待排序列进行快速排序所需时间。

理想情况下：每次划分，正好将分成两个等长的子序列，则时间复杂度为 $O(n\log_2 n)$；

最坏情况下：快速排序每次划分，只得到一个子序列，这时快速排序退化为冒泡排序的过程，其时间复杂度最差，为 $O(n^2)$。

快速排序是通常被认为在同数量级（$O(n\log_2 n)$）的排序方法中平均性能最好的。但若初始序列按关键字有序或基本有序时，快排序反而退化为冒泡排序。为改进之，通常以"三者取中法"来选取支点记录，即将排序区间的两个

端点与中点三个记录关键字居中的调整为支点记录。

总结：

快速排序是一个不稳定的排序方法。

8.5 归并排序

归并排序是将两个或两个以上的有序子表合并成一个新的有序表。

1. 基本思想

(1) 将 n 个记录的待排序序列看成是有 n 个长度都为 1 的有序子表组成。

(2) 将两两相邻的子表归并为一个有序子表。

(3) 重复上述步骤,直至归并为一个长度为 n 的有序表。

例 8 - 7：设初始关键字序列为：49,38,65,97,76,13,27,20。

执行归并排序的过程如图 8 - 9 所示。

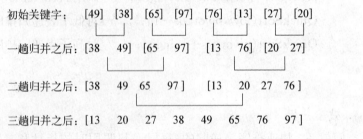

初始关键字： [49] [38] [65] [97] [76] [13] [27] [20]

一趟归并之后：[38 49] [65 97] [13 76] [20 27]

二趟归并之后：[38 49 65 97] [13 20 27 76]

三趟归并之后：[13 20 27 38 49 65 76 97]

图 8 - 9 归并排序过程

2. 算法

```
void Merge (int low,int mm,int high)          //两个相邻有序段的合并
{
    RecType   *R1;
    while(i<=mm&&j<=high)
        R1[p++]=(R[i].key<=R[j].key)? R[i++]:R[j++];
    while(i<=mm)
        R1[p++]=R[i++];
    while(j<=high)
        R1[p++]=R[j++];
```

```
    for(p=0;i=low;i<=high;p++,i++)
        R[i]=R1[p];
}
```

```
void MergePass(int length)              //完成一趟完整的合并
{
    for(i=1;i+2*length-1<=L;i=i+2*length)
        Merge(i,i+length-1,i+2*length-1);
    if(i+length-1<L)
        Merge(i,i+length-1,L);
}
```

```
void Mergesort()                        //控制有序段的长度,每合
                                          并一趟,有序段长加倍
{
    for(length=1;length<L;length*=2)
    {   MergePass(length);
        m++;
    }
}
```

3. 效率分析

对 n 个元素的序列,执行二路归并算法,则必须做 $\log_2 n$ 趟归并,每一趟归并的时间复杂度是 O(n),所以二路归并的时间复杂度为 O(n$\log_2 n$)。

两路归并排序需要和待排序序列一样多的辅助空间。其空间复杂度为 O(n)。

两路归并排序也是一种稳定性的排序。

8.6 基数排序

基数排序(radix sort)属于"分配式排序"(distribution sort),又称"桶子法"(bucket sort)或 bin sort,顾名思义,它是透过键值的部分资讯,将要排序的元素分配至某些"桶"中,以达到排序的作用,基数排序法是属于稳定性的排序,其时间复杂度为 O(n$\log$(r)m),其中 r 为所采取的基数,而 m 为堆数,在某

些时候,基数排序法的效率高于其他的稳定性排序法。

1. 基本思想

基数排序的发明可以追溯到 1887 年赫尔曼·何乐礼在打孔卡片制表机(Tabulation Machine)上的贡献。它是这样实现的:将所有待比较数值(正整数)统一为同样的数位长度,数位较短的数前面补零。然后,从最低位开始,依次进行一次排序。这样从最低位排序一直到最高位排序完成以后,数列就变成一个有序序列。

基数排序的方式可以采用 LSD(Least significant digital)或 MSD(Most significant digital),LSD 的排序方式由键值的最右边开始,而 MSD 则相反,由键值的最左边开始。

例 8 - 8:

以 LSD 为例,假设原来有一串数值如下所示:

73, 22, 93, 43, 55, 14, 28, 65, 39, 81

第一步:

首先根据个位数的数值,在走访数值时将它们分配至编号 0 到 9 的桶子中。

0	1	2	3	4	5	6	7	8	9
	81	22	73	14	55			28	39
			93		65				
			43						

第二步:

接下来将这些桶子中的数值重新串接起来,成为以下的数列:

81, 22, 73, 93, 43, 14, 55, 65, 28, 39

接着再进行一次分配,这次是根据十位数来分配。

0	1	2	3	4	5	6	7	8	9
	14	22	39	43	55	65	73	81	93
		28							

第三步:

接下来将这些桶子中的数值重新串接起来,成为以下的数列:

14, 22, 28, 39, 43, 55, 65, 73, 81, 93

这时候整个数列已经排序完毕;如果排序的对象有三位数以上,则持续进行以上的动作直至最高位数为止。

　　LSD 的基数排序适用于位数小的数列，如果位数多的话，使用 MSD 的效率会比较好。MSD 的方式与 LSD 相反，是由高位数为基底开始进行分配，但在分配之后并不马上合并回一个数组中，而是在每个"桶子"中建立"子桶"，将每个桶子中的数值按照下一数位的值分配到"子桶"中。在进行完最低位数的分配后再合并回单一的数组中。

　　2. 算法

```
#include<math. h>
testBS()
{
    int a[] = {2, 343, 342, 1, 123, 43, 4343, 433, 687, 654, 3};
    int * a_p = a;
    //计算数组长度
    int size  = sizeof(a) / sizeof(int);
    //基数排序
    bucketSort3(a_p, size);
    //打印排序后结果
    int i;
    for(i = 0; i < size; i++)
    {
        printf("%d\n", a[i]);
    }
    int t;
    scanf("%d", t);
}
//基数排序
voidbucketSort3(int * p, intn)
{
    //获取数组中的最大数
    int maxNum  = findMaxNum(p, n);
    //获取最大数的位数，次数也是再分配的次数。
```

```
        int loopTimes = getLoopTimes(maxNum);
        int i;
        //对每一位进行桶分配
        for(i = 1; i <= loopTimes; i++)
        {
            sort2(p, n, i);
        }
    }
    //获取数字的位数
    int getLoopTimes(intnum)
    {
        int count = 1;
        int temp = num / 10;
        while(temp ! = 0)
        {
            count++;
            temp = temp / 10;
        }
        return count;
    }
    //查询数组中的最大数
    int findMaxNum(int * p, intn)
    {
        int i;
        int max = 0;
        for(i = 0; i < n; i++)
        {
            if( * (p + i) > max)
            {
                max = * (p + i);
            }
```

```
    }
    return max;
}
//将数字分配到各自的桶中,然后按照桶的顺序输出排序结果
voidsort2(int ∗ p, int n, int loop)
{
    //建立一组桶此处的 20 是预设的根据实际数情况修改
    int buckets[10][20] = {};
    //求桶的 index 的除数
    //如 798 个位桶 index=(798/1)%10=8
    //十位桶 index=(798/10)%10=9
    //百位桶 index=(798/100)%10=7
    //tempNum 为上式中的 1、10、100
    int tempNum = (int)pow(10, loop − 1);
    int i, j;
    for(i = 0; i < n; i++)
    {
        int row_index = ( ∗ (p + i) / tempNum)%10;
        for(j = 0; j < 20; j++)
        {
            if(buckets[row_index][j] == NULL)
            {
                buckets[row_index][j] = ∗ (p + i);
                break;
            }
        }
    }
    //将桶中的数,倒回到原有数组中
    int k = 0;
    for(i = 0; i < 10; i++)
    {
```

```
for(j = 0; j < 20; j++)
{
    if(buckets[i][j] ! = NULL)
    {
        * (p + k) = buckets[i][j];
        buckets[i][j] = NULL;
        k++;
    }
}
}
}
```

3. 效率分析

时间效率：设待排序列为 n 个记录，d 个关键码，关键字的取值范围为 radix，则进行链式基数排序的时间复杂度为 O(d(n+radix))，其中，一趟分配时间复杂度为 O(n)，一趟收集时间复杂度为 O(radix)，共进行 d 趟分配和收集。

空间效率：需要 2 * radix 个指向队列的辅助空间，以及用于静态链表的 n 个指针。

本 章 小 结

1. 排序是将数据的任意序列，重新排列成一个按关键字有序的序列。

2. 整个排序过程全部在内存进行的排序称为内排序，直接插入排序、希尔排序、冒泡排序、快速排序、简单选择排序、堆排序一般适合内排序。归并排序既适合内排序，又适合外排序。

3. 若对任意的数据元素序列，使用某个排序方法，对它按关键字进行排序，若相同关键字元素间的位置关系，排序前与排序后保持一致，称此排序方法是稳定的；反之，则称为不稳定的。

4. 直接插入排序、冒泡排序、归并排序是稳定的排序方法；而简单选择排序、希尔排序、快速排序、堆排序是不稳定的排序方法。

5. 直接插入排序、冒泡排序、简单选择排序是简单型的排序，其时间复杂度都为 O(n^2),空间复杂度为 O(1)。

6. 堆排序、快速排序和归并排序是改进型的排序方法,其时间复杂度均为 O($n\log_2 n$),空间复杂度分别为：O(1)、O($\log_2 n$)、O(n)。

7. 希尔排序又称为缩小增量排序,也是插入类排序的方法,但在时间上有较大的改进。其时间复杂度约为：O($n^{1.3}$),空间复杂度为：O(1)。

8. 各种不同的排序方法应根据不同的环境及条件分别选择。一般而言,对于排序元素少的,可以选用时间复杂度为 O(n^2)的算法;对于元素多的,可选用时间复杂度为 O($n\log_2 n$)的算法。

本 章 习 题

1. 名词解释

(1) 排序

(2) 内排序

(3) 外排序

(4) 稳定排序

(5) 堆

2. 填空题

(1) 评价排序算法优劣的主要标准是_____和_____ _____。

(2) 根据被处理的数据在计算机中使用不同的部件,排序可分为：_____ 和_____。

(3) 在对一组记录(54,38,96,23,15,72,60,45,83)进行直接插入排序时, 当把第 7 个记录 60 插入到有序表时,为寻找插入位置需比较_____次。

(4) 在插入排序、希尔排序、选择排序、快速排序、归并排序中,排序是不稳定的有：_____。

(5) 在插入排序、希尔排序、选择排序、快速排序、堆排序、归并排序中,平均比较次数最少的排序是_____。

(6) 在插入排序和选择排序中,若初始数据基本正序,则选用_____较好。

(7) n个关键字进行冒泡排序,时间复杂度为_____;其可能的最小比较
次数为:_____次。

(8) 若原始数据接近无序,则选用_____最好。

(9) 两个序列分别为:
L₁={25,57,48,37,92,86,12,33}
L₂={25,37,33,12,48,57,86,92}。
用冒泡排序法对 L₁ 和 L₂ 进行排序,交换次数较少的是序列:
_____。

(10) 快速排序是对_____排序的一种改进。

(11) 堆排序是不稳定,空间复杂度为_____。在最坏情况下,其时间复
杂性也为_____。

(12) 下为直接插入排序的算法。请分析算法,并在_____上填充适当的
语句。

```
void straightsort(list r);
   {for(i=_____;i<=n;i++)
    {r[0]=r[i];j=i-1;
        while(r[0]. key<r[j]. key){r[j+1]=_____;j--;}
    r[j+1]=_____;
    }
   }
```

(13) 以下为冒泡排序的算法。请分析算法,并在_____上填充适当的
语句。

```
void bulbblesort(int n,list r)
   {for(i=1;i<=_____;i++)
    {_____;
     for(j=1;j<=_____;j++)
     if (r[j+1]. key<r[j]. key){flag=0;p=r[j];r[j]=r[j+1];
        r[j+1]=p;}
       if(flag) return;
     }
   }
```

(14) 以下对 r[h],r[h+1],…,r[p]子序列进行一趟忆速排序。请分析算法,并在_____上填充适当的语句。

```
int quickpass(list r,int h,int p)
{i=h;j=p;x=r[i];
   while(i<j)
     {while((r[j].key>=x.key)&&(i<j))_____;
      if(i<j)
      {_____;i++;
      while((r[i].key<=x.key)&&(i<j))_____;
      if(i<j){_____;j--;}
      }
     }
   r[i]=_____;return(i);
}
```

(15) 以下是直接选择排序的算法。请分析算法,并在横线上填充适当的语句。

```
void select(list r,int n)
{for(i=1;i<=_____;i++)
{k=i;
 for(j=i+1;j<=n;j++)if(r[j].key<r[k].key)_____;
 if(_____)swap(r[k],r[i]);
 }
}
```

3. 单项选择题

(1) 在所有排序方法中,关键字比较的次数与记录的初始排序次序无关的是( )。

　　A. 希尔排序　　　B. 冒泡排序　　　C. 插入排序　　　D. 选择排序

(2) 在待排序的元素序列基本有序的前提下,效率最高的排序方法是( )。

　　A. 直接插入　　　B. 冒泡排序　　　C. 希尔排序　　　D. 选择排序

(3) 一组记录的排序码为(25,48,16,35,79,82,23,40,36,72),其中含有 5

个长度为 2 的有序表,按归并排序的方法对该序列进行一趟归并后的
结果为(   )。

A. 16,25,35,48,23,40,79,82,36,72   B. 16,25,35,48,79,82,23,36,40,72

C. 16,25,48,35,79,82,23,36,40,72   D. 16,25,35,48,79,23,36,40,72,82

(4) 排序方法中,从未排序序列中依次取出元素与已排序序列(初始时为
空)中的元素进行比较,将其放入已排序序列的正确位置上的方法,称
为(   )。

A. 希尔排序   B. 起泡排序   C. 插入排序   D. 选择排序

(5) 排序方法中,从未排序序列中挑选元素,并将其依次放入已排序序列
(初始时为空)的一端的方法,称为(   )。

A. 希尔排序   B. 归并排序   C. 插入排序   D. 选择排序

(6) 下述几种排序方法中,平均查找长度最小的是(   )。

A. 插入排序   B. 选择排序   C. 快速排序   D. 归并排序

(7) 下述几种排序方法中,要求内存量最大的是(   )。

A. 插入排序   B. 选择排序   C. 快速排序   D. 归并排序

(8) 快速排序方法在(   )情况下最不利于发挥其长处。

A. 要排序的数据量太大

B. 要排序的数据中含有多个相同值

C. 要排序的数据已基本有序

D. 要排序的数据个数为奇数

(9) 用直接插入排序法对下面的四个序列进行由小到大的排序,元素比较
次数最少的是(   )。

A. 94,32,40,90,80,46,21,69   B. 21,32,46,40,80,69,90,94

C. 32,40,21,46,69,94,90,80   D. 90,69,80,46,21,32,94,40

(10) 每次把待排序方的区间划分为左、右两个区间,其中左区间中元素的
值不大于基准元素的值,右区间中元素的值不小于基准元素的值,此
种排序方法称为(   )。

A. 冒泡排序   B. 堆排序   C. 快速排序   D. 归并排序

(11) 堆的形状是一棵(   )。

A. 二叉排序树   B. 满二叉树   C. 不是二叉树   D. 完全二叉树

(12) 用快速排序法对 n 个元素进行排序时,最坏情况下的执行时间为

( )。

 A. O(n^2) B. O($\log_2 n$) C. O($n\log_2 n$) D. O(n)

(13) 在排序方法中,关键字比较次数与记录的初始排列无关的是( )。

 A. 希尔排序 B. 归并排序 C. 插入排序 D. 选择排序

(14) 设有 1 000 个无序元素,希望用最快的速度挑选出其中前 10 个最大的元素,最好选用( )排序法。

 A. 冒泡排序 B. 堆排序 C. 快速排序 D. 归并排序

(15) 用某种排序方法对关键字序列(25,84,21,47,15,27,68,35,20)进行排序时,序列的变化情况如下:

$$20,15,21,25,47,27,68,35,84$$
$$15,20,21,25,35,27,47,68,84$$
$$15,20,21,25,27,35,47,68,84$$

则所采用的排序方法是( )。

 A. 选择排序 B. 希尔排序 C. 归并排序 D. 快速排序

4. 排序过程分析

(1) 已知序列{17,18,60,40,7,32,73,65,85}

请写出采用冒泡排序法对该序列作升序排序时每一趟的结果。

(2) 已知序列{10,1,15,18,7,15},写出采用下列算法排序时,第一趟结束时的结果。

 ① 直接插入法;

 ② 希尔排序(d=3);

 ③ 快速排序;

(3) 已知序列{10,18,4,3,6,12,9,15,8},写出采用下列算法排序的全过程。

 ① 希尔排序

 ② 归并排序

5. 应用题

(1) 已知序列基本有序,问对此序列最快的排序方法是多少,此时平均复杂度是多少?

(2) 设有 1 000 个无序的元素,希望用最快的速度挑选出其中前 10 个最大的元素,最好采用哪种排序方法?

(3) 用某种排序方法对线性表(25,84,21,47,15,27,68,35,20)进行排序时,元素序列的变化情况如下:

25,84,21,47,15,27,68,35,20→20,15,21,25,47,27,68,35,84→15,20,21,25,35,27,47,68,84→15,20,21,25,27,35,47,68,84,问采用的是什么排序方法?

(4) 对于整数序列 100,99,98,…,3,2,1,如果将它完全倒过来,分别用冒泡排序和快速排序法,它们的比较次数和交换次数各是多少?

(5) 设有 n 个值不同的元素存于顺序结构中,试问能否用比 2n−3 少的比较次数选出这 n 个元素中的最大值和最小值? 若能请说明如何实现(不需写算法)。在最坏情况下至少需进行多少次比较。

6. 算法题

(1) 设计一个函数,修改冒泡排序过程以实现双向冒泡排序。

(2) 以单链表为存储结构,编写一个直接选择排序算法。

(3) 以单链表作为存储结构实现直接插入排序算法。

(4) 设计一个算法,使得在尽可能少的时间内重排数组,将所有取负值的关键字放在所有取非负值的关键字之前。

第9章 文 件

9.1 文件概述

9.1.1 文件的基本概念

存储在外存中的数据集合构成一个文件。文件的数据量通常很大,通常存储在外存上,数据结构中所讨论的文件主要是数据库意义上的文件,而不是操作系统意义上的文件。操作系统中研究的文件是一维的无结构连续字符序列,数据库中所研究的文件是带有结构的记录集合,每个记录可由若干个数据项构成。记录是文件中存取的基本单位,数据项是文件可使用的最小单位。数据项有时也称为字段。其值能唯一标识一个记录的数据项或数据项的组合称为主关键字项,其他不能唯一标识一个记录的数据项则称为次关键字项,主关键字项(或次关键字项)的值称为主关键字(或次关键字)。

文件可以按照记录中关键字的多少,分成单关键字文件和多关键字文件。若文件中的记录只有一个唯一标识记录的主关键字,则称其为单关键字文件;若文件中的记录除了含有一个主关键字外,还含有若干个次关键字,则称为多关键字文件。

文件可分为定长文件和不定长文件。若文件中记录含有的信息长度相同,则称这类记录为定长记录,由这种定长记录组成的文件称为定长文件;若文件中记录含有的信息长度不等,称为不定长文件。

1. 文件的逻辑结构及操作

逻辑上说,文件是由大量性质相同的记录组成的集合。文件中各记录之间存在着逻辑关系,当一个文件的各个记录按照某种次序排列时(这种排列的次序可以是记录中关键字的大小,也可以是各个记录存入该文件的时间先后等),各记录之间就自然地形成了一种线性关系。在这种次序下,文件中每个记录最多只有一个后继记录和一个前驱记录,而文件的第一个记录只有后继没有前驱,文件的最后一个记录只有前驱而没有后继。因此,文件可看成是一种线性结构。

从用户的角度看,记录是对文件实施运算的基本单位,文件上的操作主要有两类:检索和维护。

(1) 文件的检索方式

① 顺序存取:依次存取一个逻辑记录。

② 直接存取:直接存取指定序号的记录。

③ 按照关键字存取:对于给定的关键字,检索出与关键字相同的记录。

(2) 文件的修改

① 插入记录:用于在文件中增加一条完整的记录。

② 删除记录:删除一条完整的记录。

③ 更新记录:修改记录中某些项内容的值。

2. 文件的存储结构

文件的存储结构是指文件在外存上的组织方式。采用不同的组织方式就得到不同的存储结构。基本的组织方式有四种:顺序组织、索引组织、散列组织和链组织。文件组织的各种方式往往是这四种基本方式的结合。

常用的文件组织方式:顺序文件、索引文件、散列文件和多关键字文件。选择哪一种文件组织方式,取决于对文件中记录的使用方式和频繁程度、存取要求、外存的性质和容量。

9.1.2 文件的存储介质

对于文件如何进行存储,应先了解文件的存储介质及其特性。不同存储介质的结构、物理特征和存储方式等存在差异,则其存储及运算也存在差异。一般,文件存储在磁带上按照顺序方式读写较为方便,若按照指定序号来读写记录,相对较为麻烦;而对于硬盘来说,可以直接读写记录,速度相对快速。

(1) 磁带

磁带的结构类似与收录机的磁带,依靠两个处于同一平面的转轴的转动带动磁带,读写磁头在磁带移动过程中执行读写操作。执行读写操作需要快速移动磁带,而这一移动操作所花费的时间相对于计算机内存的读写操作来说要慢得多,由于读写操作时移动磁带的惯性,使得对磁带的定位需要较长的时间。鉴于磁带的容量较小,一般较少使用。

（2）磁盘

磁盘是一种常见的外部存储器,一般常见的容量较大磁盘是硬盘和 U 盘。硬盘的容量很大,容量为几个 TB 也较为常见。

U 盘,全称 USB 闪存盘,英文名"USB flash disk"。它是一种使用 USB 接口的不需要物理驱动器的微型高容量移动存储产品,通过 USB 接口与电脑连接,实现即插即用。U 盘的称呼最早来源于朗科科技生产的一种新型存储设备,名曰"优盘",使用 USB 接口进行连接。U 盘连接到电脑的 USB 接口后,U盘的资料可与电脑交换。而之后生产的类似技术的设备由于朗科已进行专利注册,而不能再称之为"优盘",而改称谐音的"U 盘"。后来,因 U 盘称呼简单易记而广为人知,是移动存储设备之一。

9.2　常见文件组织形式

如何在外部存储器中组织数据以构成文件,便于实现文件的运算? 下面简要介绍常见的文件组织形式,包括顺序文件、索引文件、ISAM 文件、VSAM文件、散列文件和多关键字文件。

9.2.1　顺序文件

顺序文件是指按照记录进入文件的先后顺序存放、其逻辑顺序跟物理顺序一致的文件。若顺序文件中的记录按照其主关键字有序,则称此顺序文件为顺序有序文件;否则称为顺序无序文件。为了提高文件的检索效率,通常将顺序文件组织成有序文件。

顺序文件的结构特点:

记录在文件中的排列顺序是由记录进入存储介质的次序决定的,即文件物理结构中记录的排列顺序和文件的逻辑结构中记录的排列顺序一致。

顺序文件的操作特点:

（1）便于进行顺序存取;

（2）不便于进行直接存取,为取第 i 个记录,必须先读出前 i−1 个记录,对于磁盘上的等长记录的连续文件可以进行折半查找;

（3）插入新的记录只能加在文件的末尾;

（4）删除记录时，只作标记；

（5）更新记录必须生成新的文件。

9.2.2 索引文件

用索引的方法组织文件时，通常是在文件本身（称为主文件）之外，另外建立一张表，它指明逻辑记录和物理记录之间的一一对应关系，这张表称为索引表，它和主文件一起构成的文件称为索引文件。

索引表中的每一项称为索引项，一般索引项都是由主关键字和该关键字所在记录的物理地址组成的。显然，索引表必须按主关键字有序，而主文件本身则可以按主关键字有序或无序，前者称为索引顺序文件，后者称为索引非顺序文件。

对于索引非顺序文件，由于主文件中记录是无序的，则必须为每个记录建立一个索引项，这样建立的索引表称为稠密索引。

对于索引顺序文件，由于主文件中记录按关键字有序，则可对一组记录建立一个索引项，例如，让文件中每个页块对应一个索引项，这种索引表称为稀疏索引。通常可将索引非顺序文件简称为索引文件。

索引文件在存储器上分为两个区：索引区和数据区，前者存放索引表，后者存放主文件。在建立文件过程中，按输入记录的先后次序建立数据区和索引表，这样的索引表其关键字是无字的，待全部记录输入完毕后再对索引表进行排序，排序后的索引表和主文件一起就形成了索引文件。

9.2.3 ISAM 文件

ISAM 是 Indexed Sequential Access Method（简称 ISAM，索引顺序存取方法）的缩写，是 IBM 公司发展起来的一个文件操作系统，可以连续地按照记录进入的顺序或者任意地根据索引访问任何记录。每个索引定义了一次不同排列的记录。例如，按照职工所属科室的部门索引中，同时还有按照职工姓氏字母顺序排名的名字索引。每个索引中的关键词都是制定的。

9.2.4 VSAM 文件

VSAM 是虚拟存储存取方法（Virtual Storage Access Method，VSAM）的英文缩写。VSAM 文件是一种采用虚拟存储存取方法的文件。VSAM 文件的存储单位是控制区间和控制区域,这是一些逻辑存储单位,与柱面、磁道等实际存储单位并没有必然的联系。用户在存取 VSAM 文件的记录时,不需要考虑该记录的当前位置是在内存还是在外存,也不需要考虑何时执行对外存进行读/写的命令。

9.2.5 散列文件

散列文件也称为哈希文件,是利用散列法存储方式组织的文件,也称为直接存取文件。它类似于哈希表,即根据文件中关键字的特点,设计一个哈希函数和处理冲突的方法,将记录哈希到存储设备上。

与哈希表不同的是,对于文件来说,磁盘上的文件记录通常是成组存放的,若干个记录组成一个存储单位,在哈希文件中,这个存储单位称为桶。假如一个桶能存放 m 个记录,则当桶中已有 m 个同义词的记录时,存放第 m+1 个同义词会发生“溢出”。处理溢出虽可采用哈希表中处理冲突的各种方法,但对哈希文件而言,主要采用链地址法。

当发生“溢出”时,需要将第 m+1 个同义词存放到另一个桶中,通常称此桶为“溢出桶”。相对地,称前 m 个同义词存放的桶为“基桶”。溢出桶和基桶大小相同,相互之间用指针链接。当在基桶中没有找到待查记录时,就沿着指针到所指溢出桶中进行查找,因此,希望同一哈希地址的溢出桶和基桶在磁盘上的物理位置不要相距太远,最好在同一柱面上。

哈希文件的优点是:文件随机存放,记录不需进行排序;插入、删除方便;存取速度快;不需要索引区,节省存储空间。其缺点是:不能进行顺序存取,只能按关键字随机存取,且询问方式限于简单询问,并且在经过多次插入、删除后,也可能造成文件结构不合理,需要重新组织文件。

9.2.6 多关键字文件

前面介绍的文件都是只含一个主关键字的文件。为了提高查找效率,还需要对被查询的次关键字建立相应的索引,这种包含有多个次关键字索引的文件称为多关键字文件。次关键字索引本身可以是顺序表,也可以是树表。下面讨论两种多关键字文件的组织方法。

1. 多重表文件

多重表文件是将索引方法和链接方法相结合的一种组织方式,它对每个需要查询的次关键字建立一个索引,同时将具有相同次关键字的记录链接成一个链表,并将此链表的头指针、链表长度及次关键字,作为索引表的一个索引项。通常多重表文件的主文件是一个顺序文件。

多重表文件检索时同样先查询索引表,然后再在主文件中读出待查记录信息;插入时如果不要求保持链表的某种次序,则可将新记录插在链表的头指针之后;删除记录时比较繁琐,需要在每个次关键字的链表中删去该记录。

2. 倒排文件

倒排文件和多重表文件的区别在于具有相同次关键字的记录不进行链接,而是在相应的次关键字索引表的该索引项中直接列出这些记录的物理地址或记录号。这样的索引表称为倒排表。由主文件和倒排表共同组成倒排文件。

倒排文件的优点是:检索记录较快,在处理复杂的多关键字查询时,可在倒排表中确定记录是哪个或哪些,继而直接读取;倒排文件的缺点是维护困难:在同一倒排表中,不同关键字的记录数不同,各倒排表的长度也不等。

本 章 小 结

文件是存储在外部存储器中的数据结构,逻辑上说,文件是由大量性质相同的记录组成的集合。记录是对文件实施运算的基本单位,对文件的基本运算有检索和修改两种。文件检索有顺序存取、直接存取和按关键字存取 3 种方式,可依次存取一条逻辑记录。文件修改包括插入记录、删除记录和更新记录 3 种。

常见的文件组织形式是顺序文件、索引文件、ISAM 文件、VSAM 文件、散列文件和多关键字文件。

本 章 习 题

1. 从逻辑上说,文件是记录的序列,这和线性表具有相似之处,简述文件和线性表的异同。
2. 解释文件的顺序存放、直接存取和按关键字存取操作。

3. 磁带和磁盘在实现文件存储和运算时的差异。

4. 为什么磁带中的信息要组织成块的形式？为什么块间要留有间隙？

5. 简述索引文件的组织及运算实现方法。索引顺序文件和索引非顺序文件的差异。

主要参考文献

［1］陈元春,王中华,张亮,王勇. 实用数据结构基础(第三版)[M]. 北京：中国铁道出版社,2003.

［2］严蔚敏,吴伟民. 数据结构[M]. 北京：清华大学出版社,2003.

［3］胡学刚. 数据结构(C 语言版)[M]. 北京：高等教育出版社,2008.

［4］陈元春,王淮亭. 实用数据结构学习指导[M]. 北京：中国铁道出版社,2008.

［5］李春葆. 数据结构教程(第四版)[M]. 北京：清华大学出版社,2013.